环境艺术与设计专业（课程）推广教材

全能手绘效果图技法

吴晨荣　吴祉安　编著

東華大學 出版社

序 FORWORD

近30年来，中国的美术设计教育发展速度惊人，无论是在美术设计教育的手段方式上，还是在美术设计教育的普及程度与培养学生数量、规模上都实现了空前的突破，并历史性地完成了从传统工艺美术教育向具有现代意义的设计教育的转化与跨越。然而，由于对于专业的认识、知识结构与社会要求等方面尚存在不同的认识与看法，因此，美术设计专业的课程教学长期以来呈现各自为政的局面。现有教材所存在的相对片面性与不完整性，从某种意义上讲已经难以适应国家教委对高等院校课程教学规范的要求。

本着这样的想法，为了使美术设计专业的课程教学能够按照国家教委的要求，使学生在学习的过程中对课程中普遍知识点的理解与重点知识的把握准确，使教师在教学过程中方向与目标明确，特编写了本教材。本教材编写是以国家教委对高等院校课程教学规范的要求为基础，以美术设计专业教学大纲为目标，结合社会实际对课程知识与技能的要求而进行。所以，在教材的具体编写过程中我们力求突出以下几个特点：1. 明确的教学目标与要求；2. 相关知识内容（包括理论与实践）的丰富性、完整性与系统性；3. 专业学习针对性强；4. 内容具有典型性与新颖性（时代性）。

该教材转眼已出版数年，取得同行较好认可，值此再版之际，我们将尽我们的努力使本套教材成为符合目前美术设计教育要求与社会需要的具有一定代表性的教材。希望我们的努力能够对中国的美术与设计教育有推动作用，也希望我们的努力能够得到广大师生的支持与欢迎！

编者

2021 年 7 月

目　录

CONTENTS

第一章
导言
INTRODUCTION

第一章
导言

第一节　手绘效果图技法课程的教学意义与教学目标

一、课程的教学意义

手绘效果图技法是高等院校建筑设计专业、环境艺术设计专业与视觉传达设计专业必修的专业基础课程，它对学生掌握基本的设计表现方法、理解设计、深化设计、提高设计能力都具有重要作用。因此，长期以来受到这些专业设计与教育界人士的重视。它是设计师完整、明确表达设计思想的最直接与有效的方法，也是判断设计师设计水准最直观的依据。随着科学技术的进步，效果图表现的工具与方式已有

室内一景

了很大的扩展，一部分青年学生由于对效果图的作用与意义不甚了解，简单认为手绘方式已经落后而依赖于电脑工具，而绘画基本功的普遍欠缺，又使得被这些学生忽视的手绘效果图技法学习变得更为困难。因此，根据社会实际的需要与学生的状况，从理论的角度，使学生明确手绘效果图技法课程的学习意义与掌握相关知识；从实际出发，施以切合实际的教学方法，不仅对于他们掌握手绘效果图技法具有促进作用。而且，对于学生今后在设计创作的实践中，不断增强完善设计方案的能力都具有十分重要的意义。

二、课程的教学方向与目标

手绘效果图技法课程是一门以技法教授为主导的专业基础课程，不仅高等院校相关专业的教学中有，高职高专与中等学校相关专业也学。所以，作为高等院校今后要从事专业设计工作的学生，他们不仅要掌握手绘效果图的基本技法，同时，全面地在理论上认识效果图的作用、意义与相关知识，同样也是十分重要。为此，我们根据国家教委对高等院校相关专业教学大纲的要求，结合社会工作实际状况与需要，以及学生实际知识结构状况和能力，确定本课程的教学方向与目标。

建筑效果图

（一）本课程的教学方向

围绕必须掌握的“点”，拓展应该认知的“面”。

（二）本课程的教学目标

（1）通过本课程的学习使学生在理论上比较全面地了解有关效果图与设计的知识。

（2）通过本课程的学习使学生明确手绘效果图的基本要求，初步掌握快速手绘效果图与手绘色彩渲染效果图的表现方法，能够运用钢笔、马克笔、水彩或水粉等工具进行效果图画面的描绘与处理，如空间、结构、色彩、光影、质感等，为今后不断提高打下基础。

（3）能够运用本课程掌握的技法进行设计构思与设计表达。

第二节　手绘效果图技法课程的主要内容与教学要求

一、课程的主要内容

本课程的主要内容由理论知识与技法学习两部分组成。

理论知识部分由五个章节组成。为使学生真正了解与重视效果图课程的学习，在第二章概述中就效果图在设计环节中所起到特殊的作用与意义进行了详细论述，从而使学生明白它在设计环节中的地位；第三章至第六章则全面介绍了效果图以及与效果图相关的知识。其中第三章介绍了效果图的类型、研究范围及应用对象；第四章则

*室外效果图

从原则性要求出发介绍了效果图表现的原则与要求；第五章分析了效果图的各种制约条件及其绘制程序与表现特征；第六章分析了学习与掌握好效果图的必要条件。

技法学习部分由第七章和第八章两个章节组成。根据时代特点与社会实际的需要，掌握快速手绘效果图技法与手绘色彩渲染效果图技法对于今天的设计师来说不仅实际而且重要。快速手绘效果图技法是设计师与客户沟通与不断完善创作最有效的方法；手绘色彩渲染效果图技法则是设计方案完整体现与做好电脑效果图的基础。因此，在简单介绍了两种手绘效果图的用途与特点后，第七章全面分析、介绍了快速手绘效果图技法，第八章则全面分析、介绍了手绘色彩渲染效果图技法。

二、课程的教学要求

为使学生通过本课程的学习，能够比较全面地理解知识，掌握基本的手绘效果图技法，实现本课程的教学目标，学生在本课程的学习时必须做到以下两个要求：

（一）教学要求

（1）在本课程学习前，学生必须具有素描、色彩、透视以及相关的设计知识与能力。

（2）在本课程学习中，要特别重视课程中重点与要点知识的学习把握。

（3）对技法的学习重点在于明了要求，掌握方法，为今后能举一反三的学习并不断提高打下基础。

（4）本课程在具体的教学中课时是有限的，为更好掌握知识与技能，根据教学目标，学生必须将课内教学与课外辅助学习相结合起来，这样才能收到比较好的效果。

（二）考核要求

（1）能准确掌握课程的基本知识点。

（2）能按质、按量、按时完成作业。

（3）重视作业过程中个人体验和重视对课程学习的个人见解。

（4）能在课程的学习中表现出积极的进取精神，并具有一定的创新意识与创造能力。

*室内效果图

本章说明:

本章学习的目的是让学生明确学习本课程的意义，认识到学习本课程的价值。

本章提示:

手绘、技能点、认知面、方向、目标、要求。

本章要点:

1. 手绘效果图技法课程的教学意义。
2. 手绘效果图技法课程的教学要求。

思考题:

在电脑被广泛运用的今天，手绘效果图技法课程为什么仍然是高等院校建筑设计专业、环境艺术设计专业与视觉传达设计专业一门必修的专业基础课程?

第二章
概述

SUMMARIZE

第二章 概述

*室内效果图

早期欧洲建筑画

第一节　效果图的概念及发展历史

一、效果图的概念

概念一：效果图是对室内、外空间环境设计的综合表达，是客观现实中还不存在的预想图。它是建筑设计、环境艺术设计与广告展示设计中必不可少的表现形式。

概念二：效果图又称设计表现图。设计的形象思维是一种极其复杂的思维，尽管设计提供给了我们许多思维的参照（数据），但不同的人对于它（数据）的感受与理解以及对于其最终结果的认识判断却是不一样的，而设计表现图就是一种能够使我们趋于准确了解设计方案，并且可以判别设计方案的依据。

概念三：效果图表现技法就是有关室内、外表现图的绘制方法和技巧，它是一种描绘近似真实空间的绘画，是一种可以通过图像（图形）的方法来表现室内、外空间环境设计思想和设计概念的视觉传递技术，因此，有关此类表现图的绘制方法，就是室内、外空间环境设计效果图表现技法。

二、效果图的发展历史

从以上的概念中我们知道效果图又称设计表现图。其实，在不同的时期与不同的范围，效果图还有多种称谓，如设计渲染图、建筑画等，而长期以来被确认为正确的称谓则是“建筑表现”（Expression Of Architecture）。然而，随着社会的进步与发展，人们对于建筑空间的要求已从原来相对硬性的领域拓展至更多的软性要求领域，其范畴已大大扩展。因此“建筑表现”的称谓已不能包含这种现实的要求，由此，环境艺术设计表现图（或环境艺术设计效果图）这种包容性更大、也更为确切的名称诞生。

效果图最初是画家或工匠们手里的设计草图，这些草图是由使用者授意设计的建筑或室内装饰，

西洋建筑油画

以给施工者在施工时具有明确的目标与要求。由于是具有绘画专业水准的设计师所作，因此，这些图除了具有说明性外，同时还具有很强的观赏性。早期的建筑画是用蘸水笔画在羊皮纸上，或用钢针在铜板上刻画，经腐蚀处理绘制成铜版画。到了16世纪时，出现了在纸张上作图的水彩颜料，使建筑表现图在表现形式上得到了扩展，并且在欧洲得到迅速普及。这个传统与方法一直持续到今天，成为建筑设计专业与环境艺术设计专业以及视觉传达设计专业必修的专业基础课程。

建筑画由于在西方已经历了几个世纪，在文艺复兴前后，西方美术家与建筑家的划分是不十分明确的，因此曾产生了许多建筑装饰的绘画大师，如达·芬奇、米开朗基罗等都曾用素描设计表现过宏伟的圣彼得大教堂。西方新建筑运动兴起后，出现了一批现代建筑师，他们在职业创作中，使建筑绘画逐渐脱离了纯美术绘画行列，步入工程设计领域，直接为工程设计服务，因而形成了一个独立的画种。现代美国著名建筑师莱特、文丘里、格雷夫斯也都擅长以彩色铅笔表现建筑画，在设计艺术创作的道路上，他们往往是遵循

欧洲建筑画（一）

欧洲建筑画（二）

着从自然到绘画，再走向建筑的过程。

从中国古代建筑发展的历史看，尽管没有明确意义的“建筑表现图”，然而，建筑设计师的构思草图以及最终的设计全景图（大多数是白描）从某种角度讲就是具有效果图意义的“建筑表现图”。另外，在中国传统的绘画里，与建筑画相关的内容则非常丰富多彩，如河北省平山县出土的战国时期的《中山王陵兆域图》就是以金线镶嵌在石板上形成的建筑画。春秋时代的漆器残片上，也画有台榭的建筑形象。还有汉代的画像砖、石刻艺术中也都有许多描绘建筑样式或室内陈设的图形。宋代张择端所绘的《清明上河图》则十分详细地展现了当时的建筑形式和社会生活，通过风俗画的形式表现了建筑与人的关系。明清时期的园林题材作品则不胜枚举，这些作品在表达上以线为主，大都绘在宣纸或绢上，呈现了独特的

建筑画（美·莱特）

清明上河图（宋·张择端）

东方艺术风格。

现代建筑绘画在我国形成与发展的历史时间不过一个世纪。在20世纪初，我国许多留学欧洲的建筑师学成归来，带回了西方建筑绘画技艺，由此培养了一大批具有西洋绘画技能的现代建筑师。在20世纪50年代中期，中国的建筑与室内、外设计教育者深受苏联教育思想与方式的影响，重视水彩、水粉画表现方式的效果图技法教学。到了20世纪80年代改革开放以后，引进了西方现代建筑与环境设计艺术的理论和方法，加上绘图工具的拓展，如马克笔、彩铅、喷笔以及计算机绘画及其他综合手法的运用，大大丰富了效果图的表现，使得具有东方文化传统的建筑与环境艺术设计理论体系逐步形成，并最终从观念、审美到表现手法上，为形成具有时代与地域特色、蕴涵宝贵文化与艺术价值的风格形成奠定了基础。

喷绘效果图

*马克笔效果图

*水彩效果图

电脑效果图

第二节 效果图的作用与意义

一、效果图的作用

设计师用效果图来表现自己的设计，目的是为了推销自己的设计。因为对于设计师来说，把自己构思出来的想法转换成人们所期待的看得见的画面，进而变成现实，这不仅是一项为实现商业利润目标、证明其设计能力的鼓舞人心的工作，也是一个具有思想与理想的设计师思想观念与艺术审美得以渲泄与传播的一个令人陶醉的过程，由此而使他得以在物质与精神双重欲望方面得到一种愉悦和满足。

设计效果图是一种能够形象而直观地展现室内外空间结构关系、营造气氛、具观赏性、有很强艺术感染力的设计表达。因此，它在工程的设计投标与设计方案的最终确定中往往起到很重要的作用，有时一张设计效果图的好坏甚至直接影响到该设计的审定结果。因为效果图直观而最终的结果是最为委托方和审批者所关注的，它提供的工程竣工后的效果，有着先入为主的感染力。所以，一幅整合有序且表现力强的优秀效果图有助于得到委托方和审批者认可和取用的。

另外，平面方式的效果图在与其他方式的效果图，如模型等相比，它又具有绘制相对容易、速度快、成本低等优点，因此这种方式的效果图已经成为建筑设计、环境艺术设计以及广告展示设计界最受欢迎与广泛使用的手段。通过以上对于效果图作用的分析，由此可以总结出效果图具

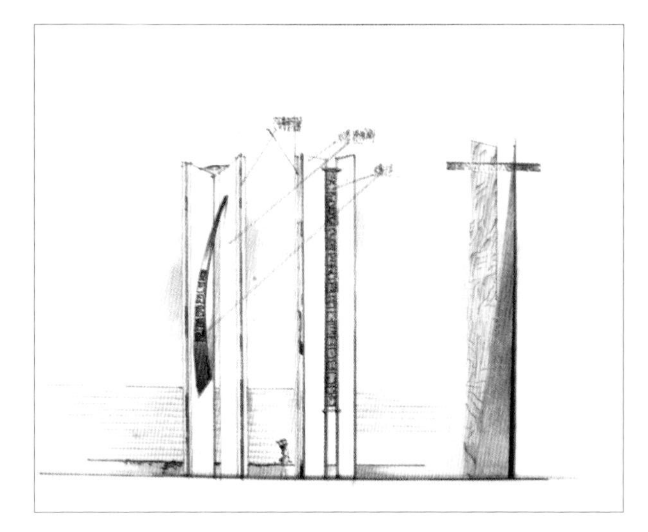

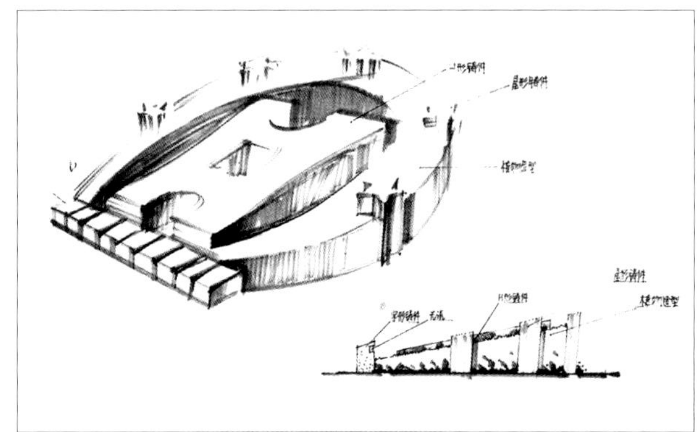

设计方案效果

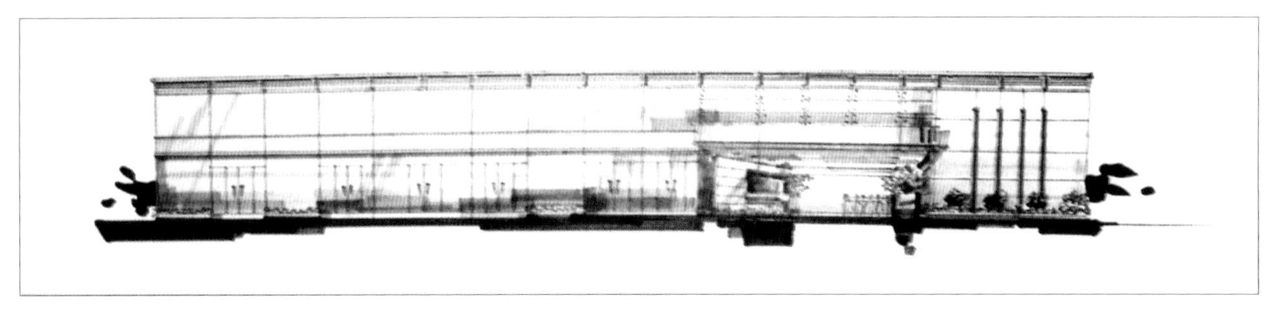

建筑效果图

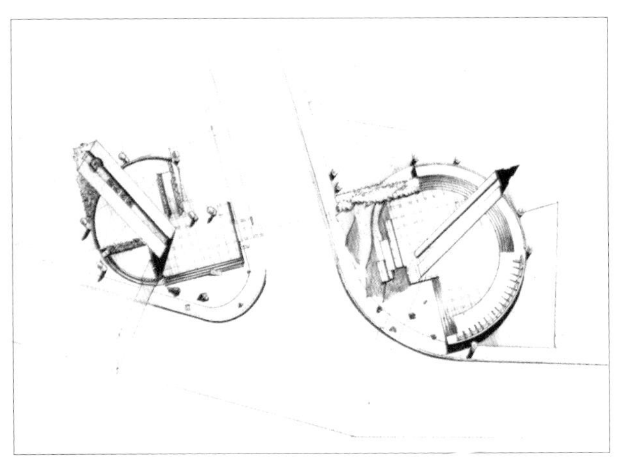

小区局部景观设计

*室内效果图

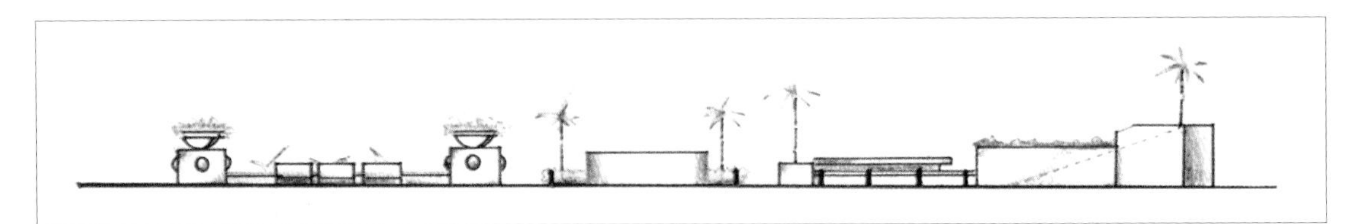

小区大门景观设计方案

有以下三个方面的作用：

1.效果图绘制是整个设计环节中不可缺少的组成部分

建筑设计、环境艺术设计及广告展示设计都是比较复杂的系统工程，整个工程又往往有一些子系统（如电系统、管道系统、空间系统等）与环节（如调研与分析环节、思考与草图环节、设计与制图环节等）组成，效果图绘制就是其中设计预想时期或设计整合过程中必不可少的环节，是整个设计环节中不可缺少的组成部分。

2.效果图是设计的一种补充，为修正设计中的不足提供直观的依据

建筑设计、环境艺术设计与广告展示设计无论大小都是比较复杂的系统工程，作为设计师，在接受设计任务时，首先应该尽快了解设计内容与意图，并且对设计造型与风格形成一个整体的设计构思。通常的设计流程是先整体后局部的模式，也就是先考虑对象的外部造型或环境，再对具体内容进行构思。当然，也可先细部后整体，从单个内容和空间开始设计。因此，先勾画效果草图，及时与委托方沟通，与相关人员协商，在这一交流过程中，不仅能进一步了解委托方的要求，也能集思广益，对原构思进行补充与完善。

*室内速写

再者，设计师在设计过程中，设计理念是不断完善的，对空间布局和尺度的要求也更趋合理。同时，设计所涉及的内容（造型式样）是非常广泛的（或房间、舞台、大厅、展位，家具、摆设、绿化、或建筑外观、城市街区、山区远景、园林，广场道路、高层建筑和多层建筑、或海岸景物、渡假村、生态园、大型公共建筑、车站码头等），所包含的系统也是繁多的（如电、管道、灯光、结构、色彩等）。因此，在各项系统数据设计工作（各种图纸）完成后，用相应的表现形式精确描绘出其三维效果图，将数据转化为视觉形象，多方位地用具象手法表现出设计对象的直观形象，对于分析和比较设计的可行性是非常必要的，由此就可以非常直观地对以上这些内容与系统综合后的结果作出判断，及时发现问题并作出修正。所以，正确理解设计表现图的作用，将促进整个设计过程的一体化，并使设计对象的使用功能、色彩形象、内部和外部造型、环境和装饰等方面的构思更为统一。

3.效果图是设计师与非专业人员沟通最好的媒介，对决策起一定的作用

建筑设计、环境艺术设计或广告展示设计是一项非常专业的工作，设计师以自己超凡的艺术想象，结合严密的逻辑思维，借助各种丰富而专业的知识，构建起具体设计方案。方案是从梦想向现实迈进的一个重要过程，是设计师思维最为艰辛和复杂的阶段，这里既有形象的推敲，又有逻辑的思辨。然而，此时各种平、立、剖面图尽管能准确与完整地反映出设计对象的基本形态，但由于它过于专业抽象和理性，还是难以表达出

*室内效果图

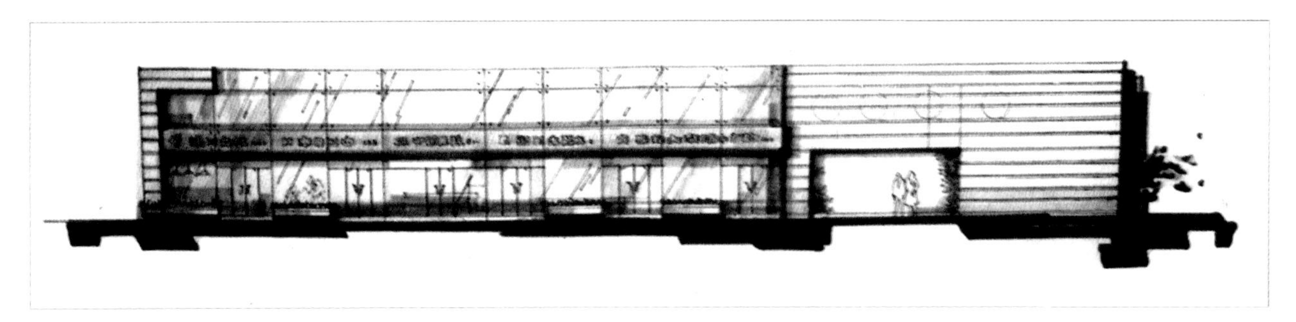

室外建筑效果图

人们对它的自觉感受，尤其是对于委托方与审批部门的领导来说，他们绝大多数是非专业人员，面对这些抽象的图像，他们是无法感受出你设计最终结果的。而效果图直观且形象化的视觉特征，从某种意义讲对于设计师来说恰好就是一种能起到翻译设计数据的“语言”，由此可以在设计师与客户之间建立起沟通的桥梁，因此，它是设计师与非专业人员沟通最好的媒介。

效果图是设计师从事设计工作与外界交流的一种“语言”，设计师借助于透视效果图来表达自己的艺术想象和创造力，所以它是设计师构思反映的主要工具。在设计师完成设计方案后，效果图除了要承担起与外界沟通交流的媒介“职责”外，还有一项重要的任务就是要在“说服”委托方、各级行政主管部门和大众接受设计师的想法方面起到一定作用。对非专业人士来说，形象化的表达是最容易理解的，而有形有色、技巧娴熟、表现感人、内涵丰富，具有艺术感染力，能够完整体现设计师丰富想象力与各方面文化修养的效果图，使人有一种身临其境的真实感，也是最易打动人心，由此对决策必然会产生一定作用。所以在竞标和送审方案中，效果图表现就成为了设计者十分重视的一个环节，一幅出色的效果图既起到实用的分析推敲作用，又有赏心悦目的艺术价值。但从目前普遍的情况来看，大多数的效果图尚停留在直观形象表白的浅层次上，少有结合方案的设计构思、内容特色等为基础绘制出有个性的，与方案相得益彰的表现图来。因此，一个优秀的设计师，除了要求有广博扎实的工程设计科学基础外，还必须掌握专业性很强的艺术绘画

*卫生间效果图

技法，才能很好地表现出其设计意图、文化氛围及理想中的境界。

近些年来，随着科学技术的高速发展，新的表现技法、新的材料开发及客户日新月异多样化的要求，已经使效果图的绘制进入了一个新的领域，而且，在经济腾飞发展的今天，它已成为设计竞争的重要手段。

二、效果图的意义

设计师准确的数据把握、扎实的表现基础和多样化的表现手段，使效果图在整个设计工作中起到了独特而非常重要的作用，并使枯燥的设计方案推敲过程变得趣味盎然而充满激情，然而其真正的意义却不仅于此，更主要体现在以下四个方面。

1.创作思想的形象化与概念化

设计的价值不仅体现在被创造物的实际使用功能与经济价值方面，还体现在其文化与艺术方面。一件优秀的建筑或环境设计作品之所以为人称道并能流芳百世，最重要的因素是在于它有不凡的文化与艺术价值的存在、思想的存在。这也就是设计之所以鼓舞人心的地方，令设计师陶醉的原因。效果图的方式正是设计师创作思想在构思思考阶段与设计数据化之后思想形象化的集中体现，它凝聚了设计师世界观、审美观、文化观以及艺术修养与对设计技能的把握程度，因此，从某种意义上讲效果图就是设计师这些思想的概念化载体。

*室内效果图

国外室内大堂喷绘效果图

国外剧院室内喷绘效果图

2. 设计数据的具体化与直观化

用图示数据语言去做文章——这就是建筑设计、环境艺术设计与广告展示设计方案。方案是从想象向现实迈进的一个重要而关键的过程，设计师的设计思维是感性与理性、具体与抽象相交融的复杂过程，这里既有形象的推敲，又有逻辑的思辨，最终均以明确无误的图示与数据落定。然而，从我们设计的目标来看，这些图示数据对于人们的感知来说却是抽象的，也是冷漠的，而效果图正是能有效将这些抽象的图示数据转化为非常具体而直观的视觉形象的最佳方法，因此它是一种实现设计数据具体化与直观化的手段。

3. 空间环境的艺术化

建筑设计、环境艺术设计与广告展示设计的最终目标是为了创造出一个全新的空间，这个空间除了要必须符合实际使用功能的要求外，艺术化必然成为人们更重要的精神追求，这也是人类文化得以进步的根本原因。因此，如何汲取优秀传统文化的精髓，构建起传统与现代的桥梁，是每一位设计师都必须的文化思考，而创造出具有文化与艺术价值的新的空间形象也是衡量设计师水准高低的天平。设计师对于新空间的思考不能仅限于想象的，也不能依靠空洞抽象的数据，这种思考必须借助具体形象来完成，而效果草图正

*室内效果图

是设计师在思考过程中不断进行艺术化完善的载体，效果图正稿则是艺术化完善的最终结果。

4. 实现设计理想的依据

通过与委托方及相关人员的沟通，经过设计师艺术而严密的反复综合思考，当一个切合实际、符合人们愿望的理想空间确定，效果图作为形象而直观的视觉感受，必然成为此刻人们理想中的最好表达方式，而之后的一切相关工作也必然是以此为依据展开的。不论是具体尺寸数据的确定，还是材料与色彩的运用，施工工程方案的确定，以及工程结束后的验收，都是以此为根本依据的。

景观雕塑设计方案

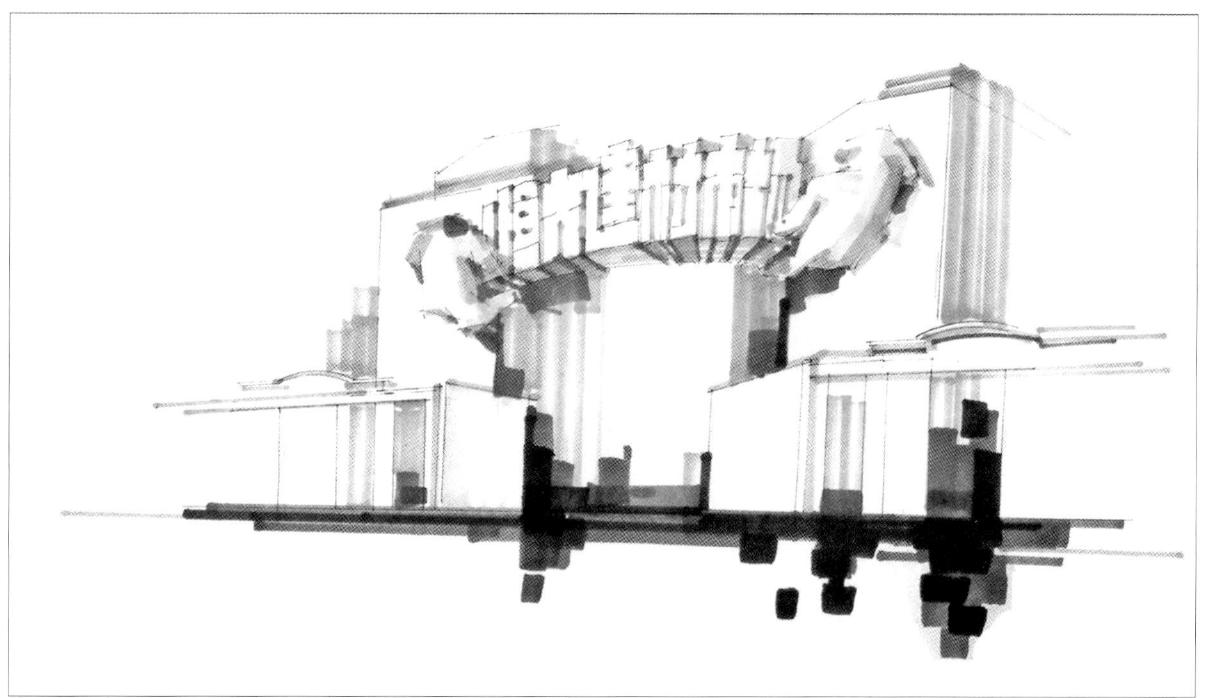

建材市场大门效果方案

本章说明:

本章学习的目的是让学生理解什么是效果图。

本章提示:

设计表现、设计环节、沟通媒介、判断依据、独立画种。

本章要点:

1. 效果图的概念。

2. 效果图的三个作用。

思考题:

1. 试论效果图与设计的关系。

2. 在建筑设计、环境艺术设计与广告展示设计的竞标中，为什么现代设计公司与设计师越来越重视设计效果图的表现?

第三章 效果图的构成要素与类型

CONSTITUTE&STYLE

第三章

效果图的构成要素与类型

*室内大堂效果图

*室内客厅效果图

第一节 效果图的研究范围与构成要素

一、效果图的研究范围

由于效果图在建筑设计、环境艺术设计与广告展示设计中具有广泛的运用，因此，其涉及的范围非常宽泛。一切与建筑设计、环境艺术设计与广告展示设计相关的知识都是我们必须要掌握的，如各种建筑、装潢、广告材料的特点与视觉感受，各种特定空间（不同性质的建筑物与具体环境）的特征、要求与表达以及相关物体（包括家俱）的尺寸等，而最主要的则是要研究与效果图技法表达有关的内容：如透视、明暗与色彩关系、材料质感的表达；整体关系的整合与环境风格的把握；各种相关绘画工具与材料的运用；各种效果图的表现技法；客户与市场对效果图的要求等。

二、效果图的构成要素

构成效果图的基本内容即要素，主要包括设计思想、透视框架、明暗色彩与材质肌理。由此我们可以形象地分别将它们比喻为组成人的灵魂、骨架、血肉和肌肤。准确、合理、艺术地把握和处理好这些关系，这些是形成具有生命力效果图作品的关键。

1.设计思想是效果图的灵魂

设计思想就是设计师对作品的立意与构思，它是设计与作品的根本，设计的一切工作都是以此为目标的。无论采用何种效果图绘制的技法和手段，画面所塑造的空间、形态、色彩、光影和气氛效果都是围绕设计的立意与构思而进行的。所以在绘制的过程中，一定要力戒单纯对设计形体透视与色彩的艺术变化的津津乐道，而忽略设计师的创作思想，这种缺乏灵魂的效果图犹如行尸走肉，既不能通过画面传达设计师的感情，也不能激发观者（包括委托方）的情绪，因而在参与实际的投标展评中，往往因缺乏内在力量，缺少动人的情趣或词不达意而被淘汰。因此，正确

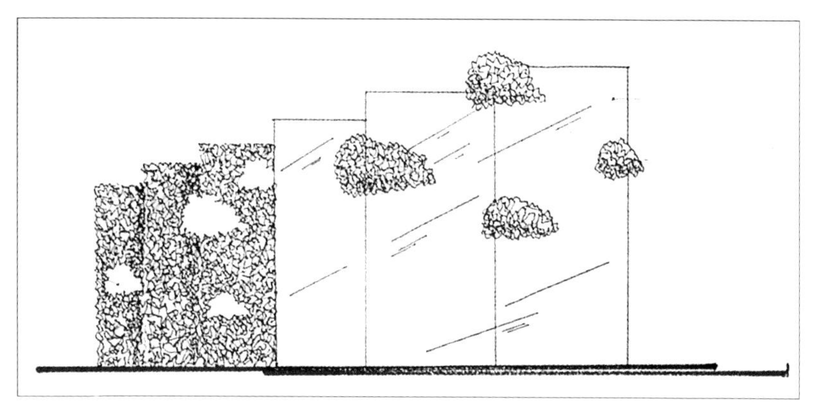

小景设计

把握设计的立意与构思，在画面上尽可能传达出设计师独特的设计思想与目的，创造出符合设计本意的最佳情趣与效果，是学习效果图技法的首要着眼点。为此，我们必须不断提高自身的文化艺术修养，培养创造思维的能力和深刻的判断理解能力。

2.透视是表现图的形体骨架

设计构思的结构造型是通过效果图的形象来体现的，而形象在画面中所处的位置、比例、大小、方向的表现必须是建立在科学的透视学基础上，违背透视规律的形体不仅将偏离设计师设计的本原意图与方向，也是不为常人所理解的，这

*室内黑白透视稿

*效果图明暗关系处理

种效果图也就必然失去了美感的基础与存在的价值。因而，效果图绘制者必须掌握透视规律，并能熟练应用其法则，处理好各种形象，并用结构分析的方法来对待各个形体间内在的构成关系和空间中不同物体之间的联系，使画面的形体结构准确而严谨，真实而稳定。

3.明暗色彩是效果图的血肉

经过准确而严谨的透视知识运用，一个崭新的空间形态骨架呈现在纸面上，然而，此时它还是冷漠的，只有当我们以一种对于理想的感受、热情去塑造理想中的形态而赋予其恰当的明暗关系与色彩氛围时，一个具有灵魂、有血有肉的空间形体由此才能完整地跃然纸上。而人们也就是从这些象征血与肉的光和色中去感受形的存在、生命的存在。因此，一位优秀的效果图画家必须具有高超的对于光与色的处理能力和手段，同时还必须具有相当丰富的色彩与情感关系的知识和体验。

4.材质肌理是效果图的肌肤

人们对于一幅优秀效果图良好的感受，还在于效果图画家对于构成新空间材质肌理真切到位的表现。材质肌理如同效果图的肌肤，对于其真切的描绘，将骤然使效果图产生栩栩如生的感觉，从而使人们从这幅效果图中感受到设计作品与他之间存在的一种亲近感与真实感。因此悉心关注研究与空间环境相关的各种材质的表现，是从事效果图绘制工作必须掌握的技能。

材质肌理的正确表达大大的增添了画面的真切感

第二节 效果图的类型与应用对象

一、效果图的类型

在建筑设计、环境艺术设计与广告展示设计中，由于在效果图的内容、要求、作用、手法与目的等方面存在差异，基于不同的角度，我们可以将其集中归纳并按如下分类。

1.按内容分类

按表现内容分类，效果图可分为室内效果图与室外效果图两大类。

室内效果图主要用于室内装潢设计以及室内环境装饰布置设计。从空间形态来看，室内效果图主要研究的范围是关于各种建筑物内部空间环境设计的表现，其中包括居室、厅堂、过道以及商场与各类车、船、飞机内舱等。

室外效果图主要用于建筑设计以及景观设计。从空间形态来看，室外效果图主要研究的范围是关于各种建筑物外部空间造型与环境景观设计的表现，其中包括各类建筑物、景观设施、园林、城区街道、小区等。

2.按方式分类

按表现方式分类，效果图可分为概念效果图与设计表现效果图两大类。

概念效果图主要是指设计师从事概念空间设计所创作的效果图。这类效果图尤其重视建筑物空间造型视觉形态。概念效果图创作的内容大多为一些具有标志性的建筑与景观设计，以及一些实验性空间造型设计，这些具有标志性意义的建筑与景观往往社会意义比较大，工程大都也较大，因此需要设计师先创作出概念设计，然后进行投

*室内效果图

室外效果图

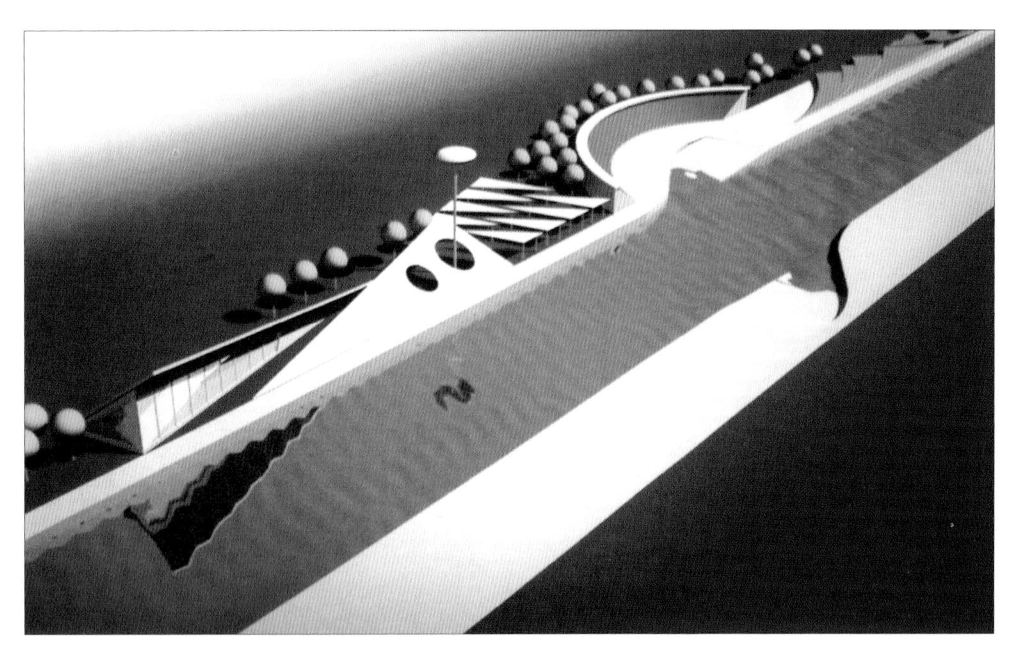
景观概念效果图

设计构思的效果草图

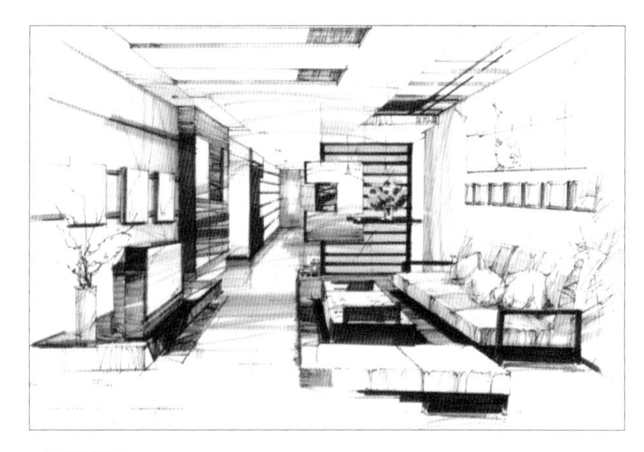
*完稿效果图

标，一旦确定设计目标后，再进行具体的数据（设计）工作。所以是效果图表现在先，设计数据确定在后。当然，现在许多常规设计也采用这种方式。

设计表现效果图是指根据一般程序，在完成了各系统的设计工作之后，根据具体设计数据整合而成的效果图。这类效果图应用范围非常广，在建筑设计、环境艺术设计与广告展示设计的常规设计中最后都需要这种设计表现效果图。它属于设计数据确定在前，效果图表现在后。

3.按作用分类

按作用分类，效果图可分为构思效果图（或效果草图）与完稿效果图两大类。

构思效果图主要是指设计师在进行设计过程中根据委托方或自己的创作愿望要求，在设计思考过程中用以记录视觉形态的创作思想点、方案改进以及为各种选择性方案所作的效果草图。这

* 手绘效果图

电脑效果图

类效果草图的特点是快速与简单，为设计师记录设计创作思想、设计师与别人交流设计思想、改进完善设计方案服务。

完稿效果图是指经过设计师反复酝酿之后被正式确定的设计方案效果图。由于已经被设计方确定为正式方案（不管委托方是否已经确认），完稿效果图的绘制设计方一般都非常重视，均会花很大的精力认真进行绘制，以取得最佳视觉效果。

4. 按手法分类

按表现手法分类，效果图又可分为手绘效果图和电脑效果图两种表现形式。

手绘效果图是一种传统的效果图表现手法，是每一个设计师必须掌握的最基本的设计技能与设计表现方法。设计师通过手绘效果图的方式可以表达自己对于设计的想法，也可以通过手绘效果图的方式改进与提高自己设计的能力。同时由于手绘效果图是具有个性的人所画，因此，它不时流露出其人性的艺术魅力，具有成熟风格的优秀手绘效果图必然也是人们争相收藏的艺术品。

手绘效果图根据绘制工具与表现特点不同，大体上可分为速写、水粉、水彩、马克笔等。

电脑效果图是随着现代科学技术进步而诞生的一种以电脑为工具，通过对具体软件的操作运用而进行效果图绘制的新型方式。电脑效果图绘制具有操作程序化、简单化的特点，能非常准确而逼真地模仿各种材质效果，精致、完美如印刷品，具有许多手绘效果图无法达到的效果。

二、效果图的应用对象

尽管在建筑设计、环境艺术设计与广告展示设计领域，效果图在其中的构思、设计、投标与验收的环节中被普遍使用，效果图的绘制对设计师与设计公司来讲是一项必须而平常的工作。然而，作为一项专业性很强的特殊性工作，效果图的绘制其实并不是每一个设计师都能熟练而完美表达的（尤其是一些完稿效果图），也不是每一家公司都能顺利完成的。因此，它的绘制有时必须依靠一些具有相当专业表现技能的设计师或专业的效果图画家与公司来完成。所以对于一个成熟而优秀的效果图画家来说，应该根据不同的目标对象，分析效果图应用的不同特点。由于效果图应用对象的不同，因此，对效果图绘制的要求也是不同的，其中大致有以下几个对象与特点：

1. 建筑设计与建筑公司

这两类公司主要从事建筑设计或建筑施工工作，严谨的工作作风与一丝不苟的要求是他们工作的特点，所以，他们对设计效果图除了常规的要求外，往往更侧重其结构的准确、尺度与方案图纸的相互紧扣。设计效果图是他们方案、施工及验收的重要依据。

2. 广告与展示公司

这类公司主要从事视觉宣传工作，他们对于效果图的运用主要在于广告招贴与样本印刷，或用于展览的特殊展位设计，所以他们对设计效果图的要求特别注重视觉效果的表现，注重区别于他者的具有视觉冲击力的感觉，有时甚至非常夸张，仅作为一种视觉参考。

3. 房产公司

房产公司对于效果图的要求往往是针对政府（规划部门的批准）与买房者的。因此，他们比较注重营造小区环境与建筑的整体视觉效果，侧重建筑地理环境、画面气势与建筑材料的视觉真实感。

4. 景观规划部门

景观规划部门经常行使着政府对于城市未来发展的期望，这些景观的设计一般工程比较大，具有一定范围的典型性、标志性。所以，不管是

*广告与展示设计用效果图

建筑设计与建筑公司用效果图

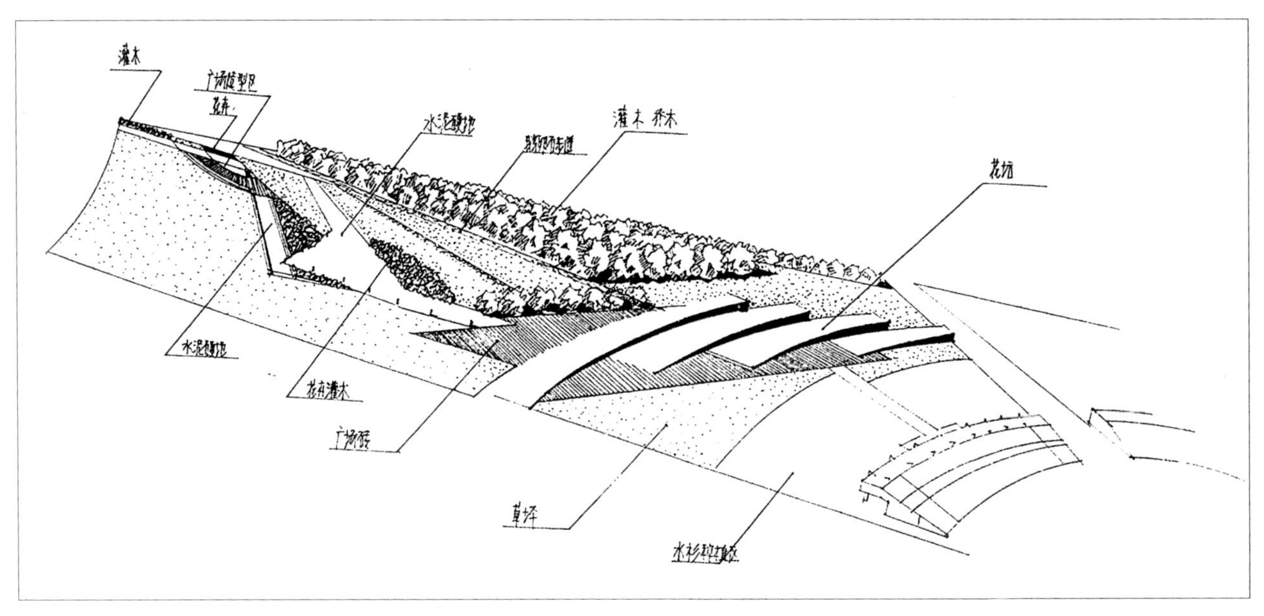

景观设计效果图

投标绘制的概念效果图，还是最终设计完稿效果图，这些设计效果图的绘制要求往往比较高，除了对建筑与景观的整体性要求外，注重效果图的艺术性表现也是非常重要的。

5.装潢公司

装潢公司的目标是从事室内、外环境的装潢施工，因此这类公司的效果图主要任务是为使客户理解设计与认可设计之用，这些效果图的针对性明确而简单，侧重个性客户的心理要求，注重环境气氛渲染与材质的明确表现。

*室内装潢用效果图

本章说明:

本章介绍效果图的基本情况，使学生了解研究对象。

本章提示:

立意、结构分析、生命力、类型、不同的对象。

本章要点:

1. 效果图的研究范围。

2. 效果图的构成要素。

思考题:

1. 效果图对于设计作品思想的体现可以通过哪些具体的内容来展现?

2. 简述效果图目标应用对象与要求。

第四章 效果图的表现原则与要求

PRINCIPLE&REQUEST

第四章

效果图的表现原则与要求

*室内客厅效果图

第一节　效果图的表现原则

设计作为一种为现实生活服务的艺术，它的一个重要特征就是必须具有可实施性。设计不能只是设计师天马行空的想象与不切实际的纸上谈兵，它必须是既艺术又现实的。因此，设计的方案与一切数据也应该是严谨而有逻辑。而作为反映这种设计思想与设计可行方案的效果图，设计师或效果图画家无论采取哪种设计效果图表现形式与方法，他们都必须遵循以下三个基本的原则：真实性、科学性和艺术性。

一、真实性原则

真实性原则就是效果图的表现必须符合设计环境的客观真实。如建筑、环境与物体的空间体量比例、尺度以及在立体造型、材料质感、灯光色彩、物件、绿化和人物点缀等诸多方面都能体现设计师所设计的要求和效果气氛。

真实性原则的本质是正确，它是效果图存在的生命线。效果图与其它图纸相比更具有说明性，而这种说明性就寓于真实性之中。委托方大都是从效果图上来领略设计构思和工程完成后效果的。所以，效果图的绘制绝不能脱离实际的尺寸而随心所欲地改变空间限定；或者完全背离客观的设计内容而主观片面追求画面的某种“艺术趣味”；或者错误理解设计意图，表现出的气氛效果与原

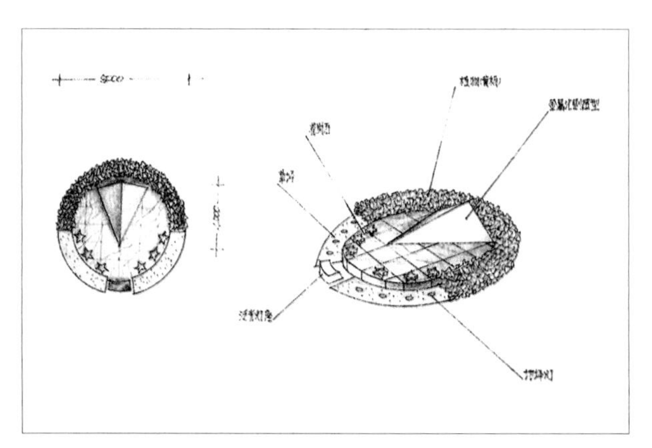

小景设计稿

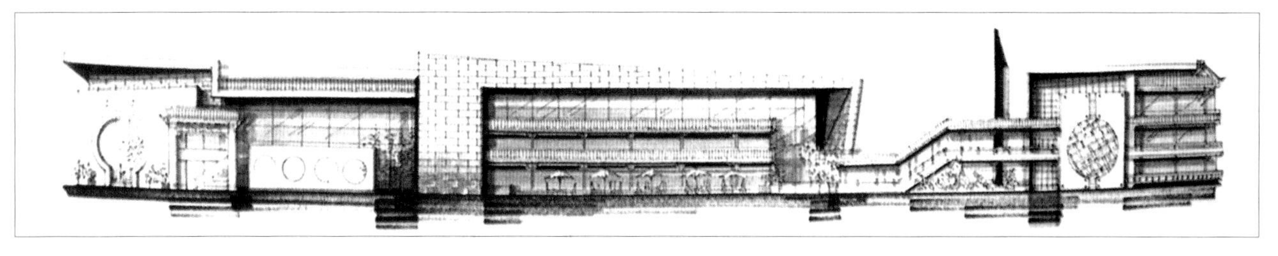

建筑效果图

设计相去甚远。而以上这些情况在一些刚走出校门、或自以为对设计表现很有艺术表达力且实际经验不足的画师身上时有发生。因此确立效果图表达的真实性原则始终是第一位的，绘画上的一切技巧，都应当遵照这个原则来运用。

真实性是效果图绘画的基本要求，但要做好这一点也并不容易。真实性在具体的表达中包括多方面的内容：比如体量关系的处理、材料质感的表达、色彩的选择与搭配、环境气氛的营造、配景形象的取舍、画面空间关系的表达等。要想把这些关系都处理好，需要绘图者有坚实的绘画基本功和对建筑与环境的深刻理解。

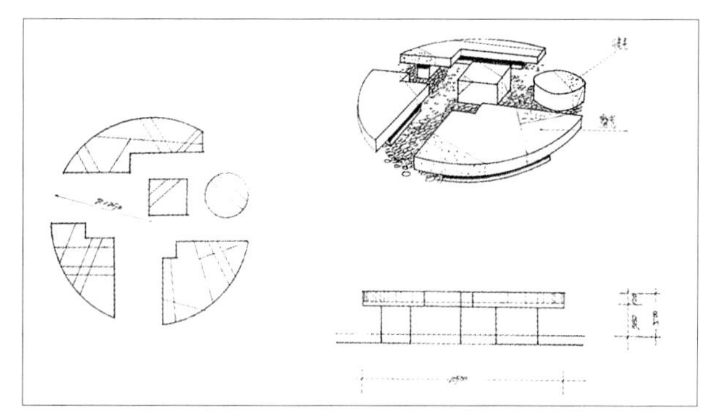

设计方案

二、科学性原则

科学性原则就是为了保证效果图的真实性，避免在效果图的绘制过程中出现随意或曲解，必须按照科学的态度对待画面表现上的每一个环节。

科学性原则的本质是规范与准确，它是建立在合理逻辑基础之上的。它要求绘制者首先必须要具有科学的态度对待这项工作，要以科学的思想来认识与运用相关学科的知识，以科学的程序与方法来保证这项工作的顺利进行，这是确保效果图体现设计作品真实性与本身科学性的关键。因此无论是起稿、作图或者对光影、色彩的处理，都必须遵从透视学和色彩学的基

*室内效果图

本规律与作画程序规范，并准确把握设计数据与设计原始的感受要求。这种近乎程式化的理性处理过程的好处往往是先繁后简、先苦后甜，草率从事的结果就会无从把握原设计的要求，或难以协调画面的各种关系而产生欲速则不达的情况，所以，以科学的态度对待效果图绘制工作是确保效果图存在价值的重要条件。当然作为一名优秀的设计画家，我们也不能把严谨的科学态度看作一成不变的教条，当你能够熟练地把握了这些科学的规律与法则，驾驭各种表现技法之后就会完成从必然王国到自由王国的过渡，就能灵活而不是死板、创造性而不是随意地完成设计最佳效果的表现。

科学性原则是效果图绘画存在的重要条件，它在效果图实现过程中主要体现在以下几个方面。

其一，建筑、环境与展示设计本身具有科学性，效果图同样也应该是这些科学性的反映。因此，无论是物体与空间的大小，长宽度的比例，还是具体天顶造型，地板图案，灯具设置，以及室内陈设，包括材料质感以及光影的变化等，凡设计中存在的，都应准确、科学、真实地在效果图中反映出来。

其二，效果图表现的内容与方法也必须是科学的。透视与阴影的概念是科学，光与色的变化规律也是科学，空间形态比例的判定、构图的均衡、水分干湿程度的把握、绘图材料与工具的选择和使用等也都无不含有科学的道理。

其三，效果图绘制的程序也应该是科学的。效果图的绘制不同于一般的绘画，它必须按照一定的绘制程序与方法进行，如必须先绘透视稿，然后进行整体上色彩等。这些程序与方法是无数效果图画家长期以来总结的经验，也是这个画种独特的风格与要求，它是确保效果图绘制成功的关键。

三、艺术性原则

艺术性原则就是效果图的表现必须在尊重设计创造的前提下，以艺术的方式充分地体现与表达设计中具有文化意义与创造性的内容。这是设计存在的生命与价值所在，也是效果图的重要任务。

艺术性原则的本质是对创造的理解与表达。建筑、环境艺术与展示设计是一项有关实用空间的艺术性创造。而效果图则是反映这种艺术创造思想最恰当、完美与有效的表现方法。因此，效果图的艺术性必然体现在绘制者对设计者创造的准确理解与生动、高超、有序的视觉表达，这样不仅可以完美反映设计创造的艺术价值，同时又体现了效果图本身所具有的艺术魅力。

效果图是一种科学性较强的工程施工图，但

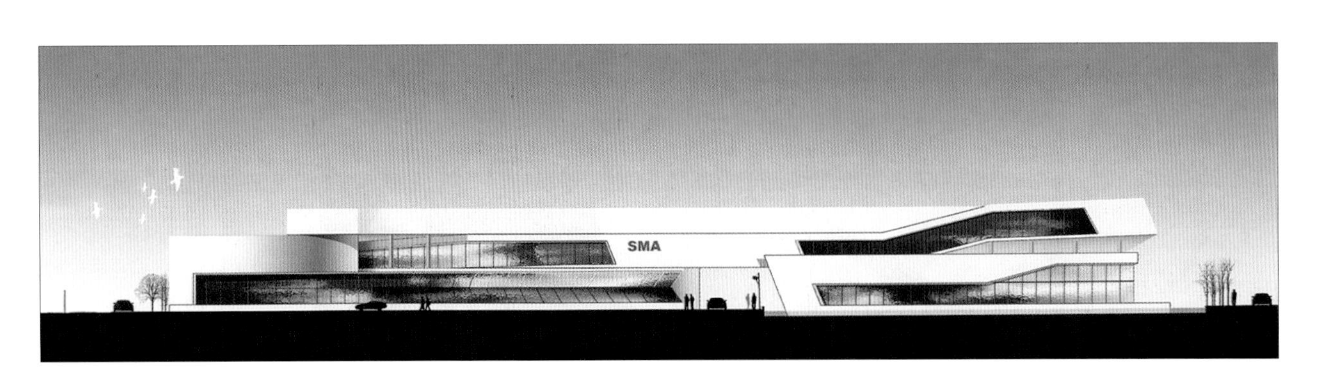

建筑效果图

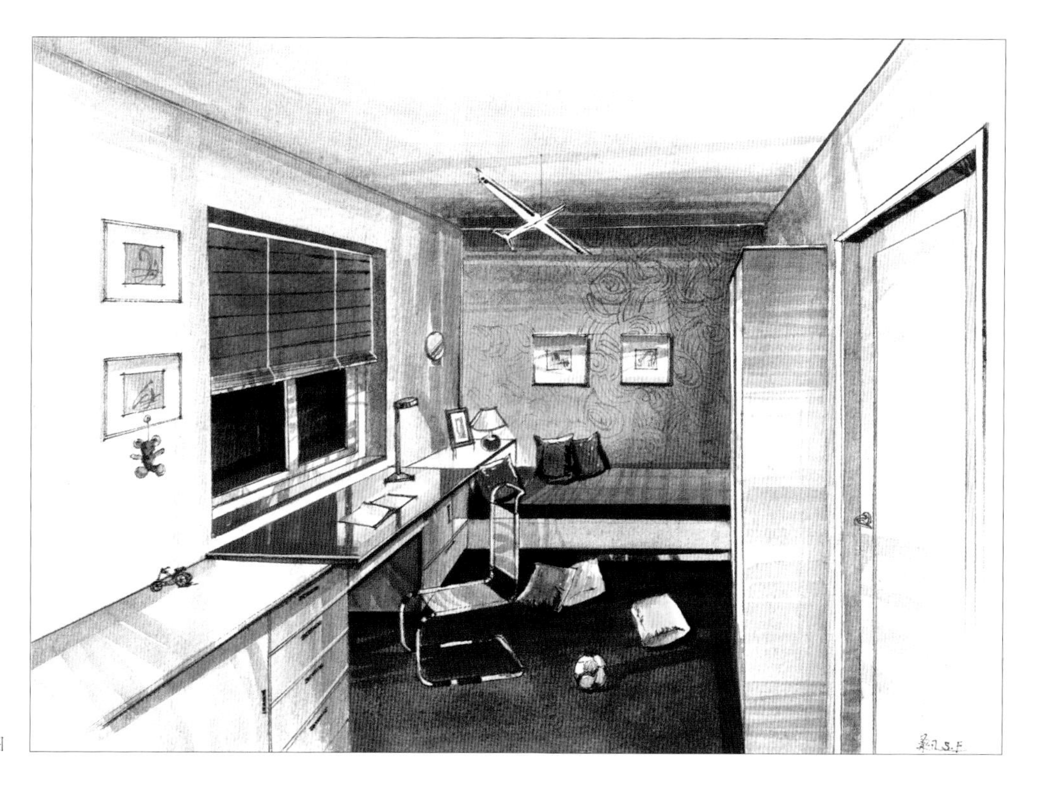

*室内效果图

具有高超艺术性表达的效果图作品不仅吸引人，同样也能成为一件赏心悦目且具有较高艺术品位的绘画艺术作品。因此，许多优秀的效果图作品成为艺术的经典。近年来成功举办的若干建筑画展览（包括室内表现图）或出版的图书得到普遍的赞赏就是明证，一些收藏家与业主还将效果图当作室内陈设悬挂于墙或陈列于案，这都充分显示了一幅精彩的效果图所具有的艺术魅力。自然，这种艺术魅力必须是建立在真实性和科学性基础之上的，也必须建立在造型艺术严格的基本功训练的基础之上。

首先，要成为一名优秀的效果图绘制画家，并使其作品具有较高的艺术性，必须要具有一定的人文知识与专业设计知识，这是理解设计与创造的基础。一幅效果图作品艺术性的强弱，取决于画者本人对设计的理解与艺术素养及气质。不同手法、技巧与风格的效果图，充分展示出作者的个性，每个画者都要以自己的灵性、感受去理解所有的设计图纸，然后用自己的艺术语言去阐释、表现设计的效果，这就赋予了一般性、程式化并有所制约的设计施工图以感人的艺术魅力，才使效果图变得那么五彩纷呈、美不胜收。

其次，必须掌握高超的造型与色彩处理表达技术。绘画方面的素描、色彩表现技术，构图、质感、光感的表达，空间气氛的营造，点、线、面构成规律的运用与视觉图形的感受等方法与技巧的运用，必然大大增强效果图的艺术感染力。在真实的前提下合理适度夸张、概括与取舍也是必要的。罗列所有的细节只能给人以繁杂，不分主次的面面俱到只能给人以平谈。选择最佳的表现角度、最佳的色光配置、最佳的环境气氛，本身就是一种在真实基础上的艺术创造，也是设计自身的进一步深化。

最后，效果图的艺术性还体现在作品的个性化特征方面。一件有个性魅力的作品是最能打动人心的，个性是一个没有捷径或方法可以传授的内涵语意，作品的个性是作者本身个人风格的自然流露。当然，这种“自然流露”并不是每个人自身性格的任意直白，而是艺术家通过刻苦的磨练，将自己的性情、爱好、修养升华为艺术情态，再融进作品中来。所以，作为一名成熟的效果图画家，其艺术风格或甜美、或质朴、或清淡，都不是通过刻意去追求而来的，而是其修养与技术综合的体现。效果图的最高艺术境界就是画家在作品中挥洒出自己的心意韵趣，虽然它描绘的是客观实景，但从其所描写的对象——环境空间，到其画面本身都是作为一种艺术形式而存在的。我们学习效果图绘画的意义不仅在于表现构思，而且还有一个潜移默化的作用，就是提高我们的艺术修养。设计师的职业之所以受人尊敬，是因为他们的创造力和想象力是建立在渊博的文化知识、细心的生活体验和良好的艺术修养上的。

第二节　效果图表现的要求

效果图作为设计的视觉体现，其在绘制表现过程中除了必须遵从真实性、科学性和艺术性三个基本原则之外，还必须从不同角度出发，根据社会实际不同方面的需要符合以下要求。

一、纵向要求

所谓纵向要求就是从设计的目标出发，从宏观的角度对效果图绘制提出整体要求。这些要求主要体现在效果图表现必须与设计思想相吻合，效果图表现的空间与造型必须准确，效果图表现的色彩关系必须正确与和谐，效果图表现的环境气氛要恰当，效果图表现的材料感受必须明确，效果图表现的绘画技法要娴熟与明快，效果图表现要具有艺术性与设计感，效果图表现要具有市场意识，符合市场需求，符合当代人的审美心理。

*室内速写

*室内效果图

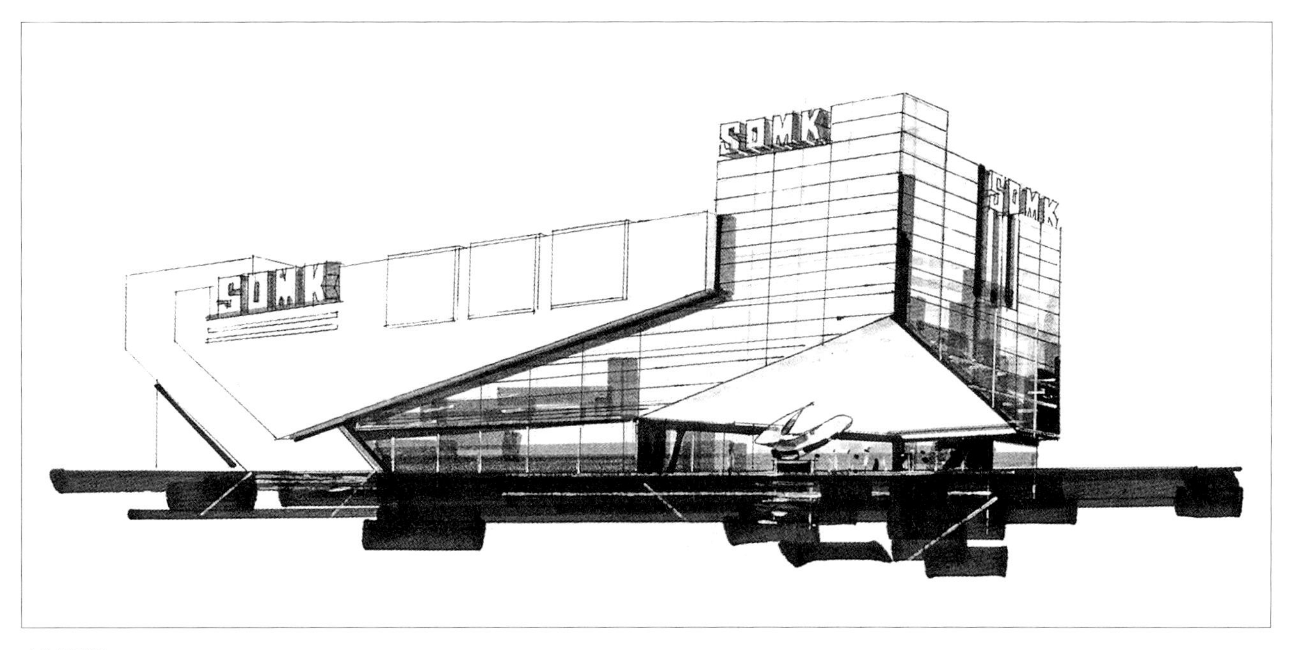

建筑效果图

二、横向要求

所谓横向要求就是从对效果图具有不同要求的方面出发（或设计者与客户，或专业与市场，或个人与社会，或表现内容与表现手法等），从具体的角度对效果图绘制提出的具体而不同的要求。

效果图的横向要求是广泛而具体的，同样一幅效果图，设计者与客户，甚至绘制者本人的要求可能都是不同的，社会与市场的要求也是不一定相同的。而从表现内容看，无论是建筑设计、景观设计，还是室内设计、展示设计，对效果图表现的要求也是有所不同的，建筑设计的效果图表现注重数据尺寸的严格性，景观设计的效果图表现重视整体性，室内设计的效果图表现则关怀空间气氛的营造，展示设计的效果图表现特别强调视觉冲击力。另外，从效果图表现的手法来看，不同媒材方式的效果图表现要求也是有所不同的，电脑效果图表现注重真实空间的描绘，而手绘效果图表现则重视具有人情味的个性风格。手绘效果图中的钢笔速写、马克笔、水彩、水粉等也因表现媒材不同、表现技法不同而具有不同的要求。

建筑效果图

本章说明:

本章通过对效果图真实性、科学性、艺术性的详细阐述，使学生明确效果图绘制的原则性要求。

本章提示:

客观、正确、规范、准确、创造、个性、整体要求、具体要求。

本章要点:

效果图表现必须遵循真实性、科学性、艺术性三个基本原则。

思考题:

如何理解效果图绘制过程中必须遵循的真实性、科学性、艺术性三个基本原则?

第五章
效果图表现的条件与特征

CHARACTERISTIC

第五章

效果图表现的条件与特征

*室内效果图

第一节 效果图表现的依据条件

作为设计的视觉反映，效果图的绘制表现是不能是绘制者随心所欲自由发挥的，它必须根据设计的内容、目的来进行表现，并以图示符号、尺寸数据、文字注释为依据和制约。一般的效果图绘制是在设计方案确定之后表现出来，所以，它实质上是一种语言的转换，起到翻译的作用。

一、数据尺寸对空间塑造的制约

在进行效果图的空间和形体塑造时，设计的尺度首先是其绘制表现的最根本的依据与制约条件。设计中的图示符号、尺寸数据是设计师根据创作设计的实际需要与客观要求而确定的，它是形成具有特定要求个性空间的基础，是创作设计存在的价值所在，也是效果图绘制表现的基础。同时，设计中这些具有逻辑与因果关系的图示符

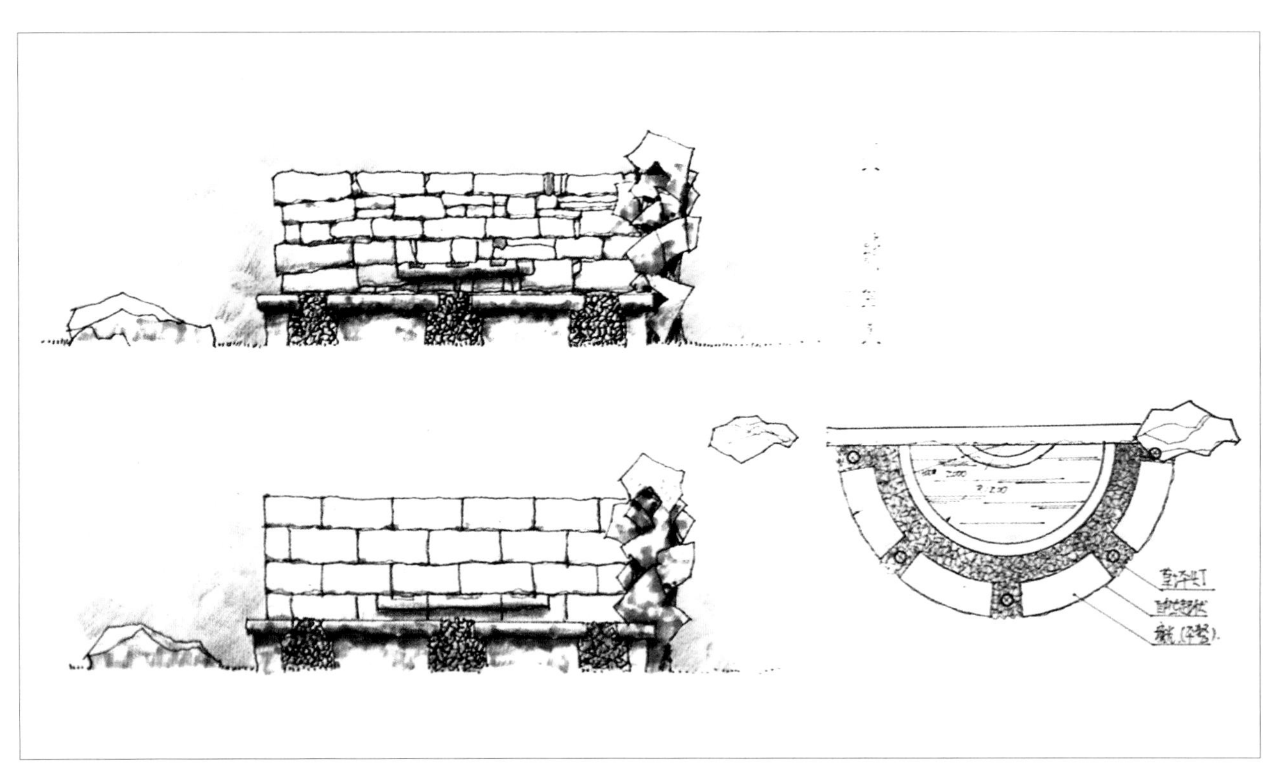

小景设计方案效果

号、尺寸数据又是构建起合理空间的依据，是创作设计变为现实存在的最必要条件，也是效果图绘制表现制约的条件。因为，我们是无法想象不受制约的效果图表现存在的理由，也无法想象没有依据的效果图表现所具有的价值与作用。由此可见，设计的尺度在效果图的绘制表现中具有重要的制约作用。

然而，在此我们还是要指出，忽视或藐视设计尺度的现象还是时有发生的，这种现象的发生又往往主要体现在一些不太了解设计、又具有强烈艺术表现欲望的画家与年轻学生身上，在理解设计数据方面吃不透或错误理解设计数据，或为了体现自己的艺术才华与艺术表现技术而自我发挥，从而必然是歪曲了设计者的原创——或是成为了无法实现的空间，或是成为错误的空间；这种现象也发生在一些为了达到取悦或蒙骗客户首肯、缺乏职业道德的有经验的设计师身上，通过过于强调效果图中的某一视觉感受而不受限制地进行夸张，如很小的过道空间通过透视夸张犹如大厅一般宽敞，这种图一时之利的结果，为可能发生的最后麻烦留下了隐患。

*室内效果图

二、光源对色彩描绘的作用

色彩是效果图表现的重要内容。效果图的色彩除了受物体固有色的影响外，对于光的设置研究与把握，是进行效果图色彩描绘的关键，光源对效果图色彩的描绘与气氛表现具有重要作用。

在室内、外空间环境效果图的光影分析处理上，室外光影来自于自然太阳光，室外的建筑或景观空间在自然光的照射下，明暗关系是明确而简单的，受光面、背光面、投影及反光都非常容易确定与处理，近光源物体明暗对比强烈，阴影明显，高光也十分强烈，远离光源物体由于照度减弱，明暗对比也减弱，这种现象在人造光（灯光）的情况下更为明显，色彩的冷暖对比也更明显。而在色彩表现时，临近光源受光直照部分的物体由于亮度高，在画时彩度相对减弱，明度提高。在描绘背光部分时则要考虑由于环境色反光给暗部带来的微妙色彩变化，尤其是靠近受光面的物体受到的反光较多，其暗部的退晕现象也较明显。所以，在画时掌握好明暗交界线部分的色彩明暗对比，用退晕办法体现反光现象，可使物体的空间感加强。

室内光影主要来自于自然光与人造光，自然光主要是平行光，由窗、门或顶棚射向室内，其主要特征是临窗的物体受光较强，物体的明暗对比强烈。反之，离窗较远的物体明暗对比减弱。但这仅仅是大体的概念，实际上室内的光影在自然光情况下远比室外光影复杂，因为采光面可能来自多方面，有的室内光影还有天棚光的影响，室内各种物体造型不一，色泽不一，反光率也不同，因此阴影就复杂得多，其光影效果也复杂得多，所以，当我们在进行效果图色彩表现时，选择用光影方式来表现色彩效果与体现环境气氛时，首先要明确光源的方向，是选用人造光还是自然光，或者这两种光混合的效果，然后结合物体的固有色，根据画面中哪个部位的物体光比效果最强，哪部分次之，哪些部分要减弱，甚至不予表现来，确定画面的色彩关系，要避免像摄影一样追求绝对真实或绝对正确。运用光影的目的是为了表达物体的体积感及室内整体的色彩关系与营造某种气氛，过分考虑各个光源可能造成的光影效果，反而会使画面散乱而使自己在落笔时无所适从。所以，在进行效果图色彩描绘时，我们要充分重视光源对于色彩的影响，必须从整体的色彩与气氛效果出发，抓住画面中的主题，才能比较合理、完整地处理与表现好效果图的这些色彩关系。

三、材料对质感刻画的影响

材料是设计必须考虑的因素，也是构成视觉的一个要素，更是实现设计的一个重要方面，所以效果图材料质感的表现必然是效果图绘制中必须反映的主要内容。质感处理与表现在整个效果图表现中占有较重要的位置，它直接关系到效果图整体效果的表达，质感表现好的作品，往往可以起到画龙点睛的作用，给人留下深刻的印象。同时，质感表现的好与坏，还直接影响到观者对于所用材料的判别，以及人们对于设计作品品位与等级的判断，由此影响到人们、特别是客户对于设计本身好坏的判断与取舍的决定。因此，材料质感的处理与表现是每一个效果图画家必须掌握的基本绘画技能。

在进行效果图材料质感的表现时，绘制者必须以具体材料为依据，从材料表面的视觉感受出发进行描绘，任何脱离实际存在的随意表现只能是画蛇添足。所以在刻画形体表面质地色泽时，具体材料是效果图表现的依据与制约条件。

由于效果图所表现的材质是具有一定范围性的，主要为木材、水泥、陶瓷、玻璃、金属、纺织品等，而表现效果图的技法又具有程式化特点，根据观察分析与长期研究总结，我们发现效果图的质感表现是具有自身规律性的，这些具有规律性的方法为有效进行效果图的质感表现提供了方便。

*室内客厅效果图

各种大理石效果表现

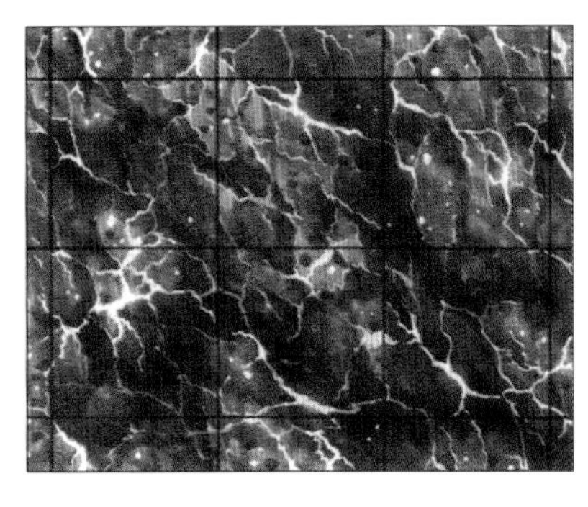

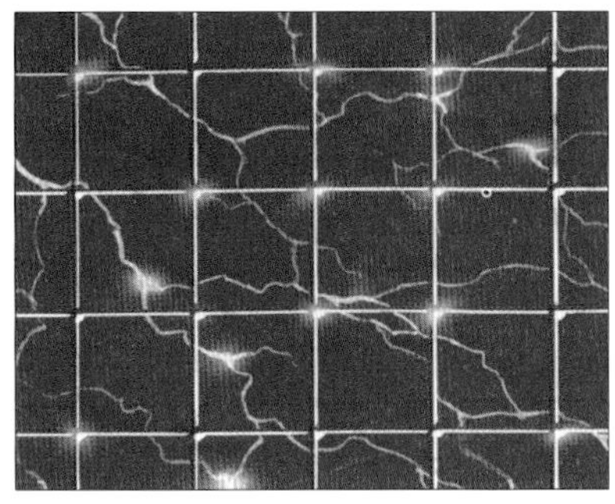

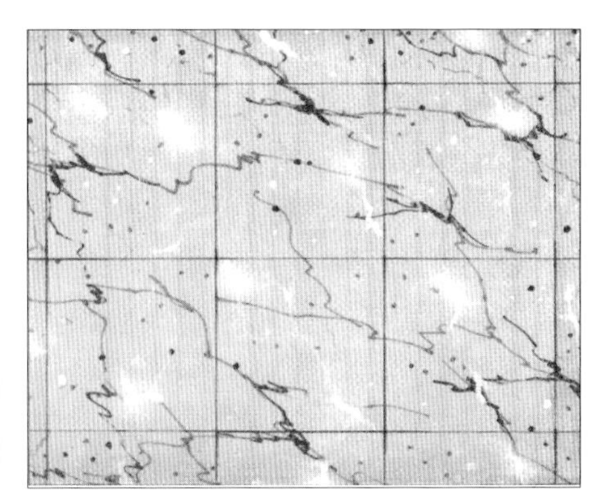

1.地面表现

地面因材质不同、光源照射的角度不同会给人以不同的感觉，一般有光滑与不光滑之分，表现上以平涂、渲染、叠色等方法去表现不同质感的地面。光滑的地面可强调光影的表现，集中刻画光影对地面的影响；不光滑的方砖地的表现，可强调方砖之间的色彩变化与明度变化。

木质地板效果表现

砖墙效果表现

大理石地面效果表现

木质家具效果表现

幕墙玻璃效果表现

2.玻璃的表现

玻璃的主要特点是透明、边线很硬，可以和旁边的物件一起画，然后画亮边线。若反光很强的玻璃，则强调周围的物体对它的反射，画出很强的反光即可。如玻璃上有图案，则先画出玻璃上的图案，再画玻璃的分缝线和边框。

3.饰面材料的表现

常用饰面材料有天然大理石、花岗岩、板材等。经过加工之后的石材，表面上有深浅不同的纹理，表现时可先铺底色再画光洁的石材反光、倒影，然后画出石材的拼缝线、纹理即可。在组织纹理时，应注意纹理的方向，切不可随意乱画。

4.木质材料的表现

木质材料一般有明显的规律性变化纹理，所以，只要抓住纹理的变化就可以画出木质材料的特点。一般也是先铺底色从浅到深，从亮部到暗部，注意体面变化，然后画上木材的纹理，再画出形体边线，点出高光即可。对于木器家具的表现，则一定要抓住木器细腻、漆面柔美的特点。

金属材料效果表现

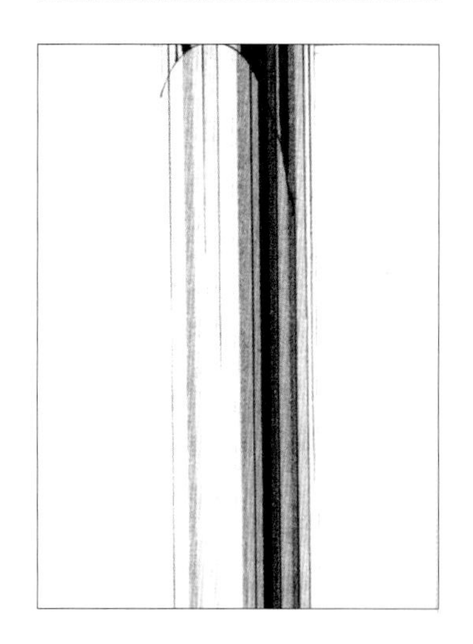

*室内速写

5. 金属与不锈钢制品的表现

亮金属与不锈钢表面有着相同的特点，反射能力强，有很刺眼的高光，并有很强的反射光颜色。因最亮与最暗的颜色并置，所以反光多，形体感觉不强。亮金属、不锈钢表面对色彩反射十分明显，仅在受光与反射光之间略显本色，而抛光金属完全反映环境色彩。在表现该类物体时，若物体是平面的，应注意远近的变化，确定出高光区，用渐变的方式将亮与暗的变化一次表现出来。如物体是圆面的，就需要确定光源，区分亮、暗部的色彩，然后按形体变化组织笔触，将形体表现出来。圆柱形亮金属物体的特点是高光过去马上就是暗面，抓住这个特点，一笔亮、一笔暗地画下去就可画出质感效果。在画的过程中，应注意形体整体的明暗变化，不要画平、画花了。

6. 织物的表现

织物的特点是高光少、反光弱，形态自然，所以表现织物应注意形体的变化。大的形体变化分开后，要注意织物上的肌理变化和图案变化，利用图案变化可以区分出形体变化。对于窗纱等轻柔物品，可以用湿画法画大的色彩关系，再用干画法提出亮部与结构，这样可以比较容易画出轻柔的织物感觉。对于织物特点应多观察，织物的轻、飘、重、厚、薄等变化非常多，只有多观察，才能掌握各类织物特点，画好织物。

*织物效果表现

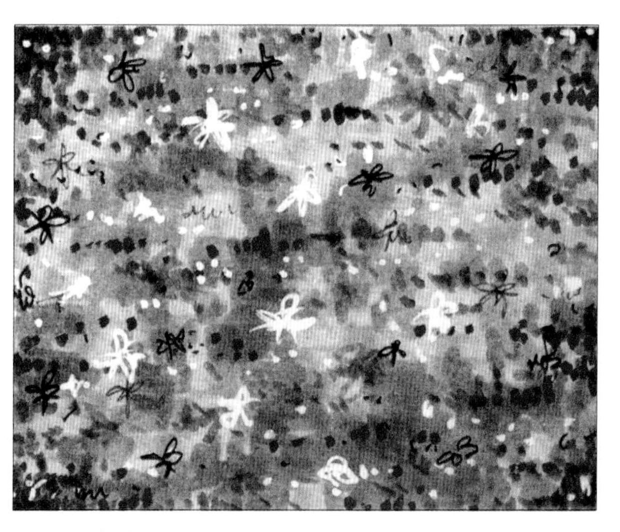

*织物花样效果表现

第二节 效果图表现的程式化语言

效果图是设计师还没有实现，尚在空间构想与计划实施阶段的设计视觉反映。因此，效果图毕竟是一种设计的预想图。作为一种人们还处于期待阶段具有理想目标的对象，它的表现必须具有一定的理想成分。而整体、具有概念性及现代超越感，应该是效果图表现必须具有的成分，由此效果图如果以一种绝对的真实去表现，反而会起不到最好效果，效果图所体现的真实性并非是逼真性，而是真切性。所以，在绘制表现上效果图有自己的程式化表达语言，这种程式化语言的最大特点就是要突出其建筑味与设计味。

一、建筑味语言

效果图的诞生源于建筑画，建筑画长期以来所形成的风格特征就是今天我们效果图表现所要追求的一个目标。因此，突出效果图的建筑味语言，是把握效果图程式化语言表达的一个重要内容。

要突出与掌握效果图的建筑味，绘制者首先必须要了解建筑与空间的形体关系、以及与建筑空间相关的环境与气氛，一切绘画表现技巧都应以此为中心。要力求准确、真实地表达主题，包括物体的尺度、比例、透视关系、材料质感及环境特点等。

同时，要严谨地保持程序化作画态度。该大块的要大块，该细致的要细致。要有整体的大效

*建筑效果图

*室内速写

*室内厨房效果图

果，也要有局部的深入，有了细部刻画，画面才会精彩耐看。效果图的严谨性有一些约定俗成的规律，例如，构图上元素的选取力求简洁明确；色彩上追求概括完整；线条挺拔，用笔硬朗、肯定等。但是这种严谨并不否定作者主观意识的发挥，事实上，当你可以熟练绘出一幅效果图的时候，你的个人情感将会自然融于画面当中，由此会产生打动人心的作品。只有这样，才能真实生动地表现出建筑与空间的特征，这是效果图体现建筑味语言最有效的技法。切忌在表现时过于拘谨或为追求所谓技巧表现而刻意摆弄技巧，以为这样才是好的效果图，其实际结果却往往会事与愿违。

二、设计味语言

由于效果图是体现尚未实现的设计构想，因此，在效果图的表现中具有设计味语言就显得相当重要。设计是一种蕴涵了理想与概念的成分，既有想象又具有理性的计划预案，因此，要体现这种设计味语言，首先也必须了解设计，懂得设计，然后以此为感受，以绘画的方式来表现。

效果图的设计味一般可以用以下的方法来体现：以块面为主来塑造体积，主要是通过色彩块面来塑造空间形体结构与关系，色彩整体关系要保持相对简单，以体现出整体感与现代感；环境的简繁则以突出设计为取舍，要排除干扰，去掉不重要的细节，由此才能提炼与抽象出具有概念性与超越现实感的成分；为求得设计的整洁、利落效果，在底色的基础上可以从局部开始，画一处完成一处。对高光的点取、线条的勾勒、挺直的笔触等都可以用概念的方法，这些都是体现设计味的方法，因此作画前要求做到胸有成竹；画面要直观，说明性强，要以能准确明了地表达出设计者的设计思想与整体构想为目的。

第三节　效果图表现的整合处理

建筑设计、环境设计以及广告展示设计，都有一个特点，那就是它们都是比较复杂的系统工程，整个工程有几个或多个子系统（如电系统、管道系统、空间系统等等）与环节（如调研与分析环节、思考与草图环节、设计与制图环节等等）组成。因此，整个设计的内容和图纸是非常之多的，也是分散的，尽管设计的空间结构及基本效果在图纸设计阶段其实已基本确定，但在进行效果图绘制过程中，面对各种图纸数据，同一方案不同绘制者会定出不同的视角、视觉中心与构图。设计是一项具有现实目的的工作，设计从最初的整体构思，到分解各项目计划，再到项目的论证和确定可实行方案，然后进行项目计划的实施，从而实现构思。效果图绘制就是在其中未实施项目计划时，要把各项目计划间关系和构成完整性与统一性的结果，通过理解整合处理，来体现设计的整体效果。

设计项目理性的数据尺度通过效果图翻译来实现图示化（但其中的衔接和相互作用只能依靠绘制者想象去实现。如光的强弱，受光还是背光，投影变化与位置，材质色彩变化，空间大小，层次，辅助物件与气氛等）。

因此，效果图的整合思维非常重要，绘制者在处理过程中是一个发挥主观能动性的过程，也是一个深化创造的过程。

在效果图的绘制表现过程中，我们会面临以下三个需要整合处理的内容。

一、构图的选择

构图即主体形象在画面中的尺度和位置。如前面所说，设计的空间结构及基本效果在图纸设计阶段其实早已认定，但在进行效果图绘制的过程中，面对各种图纸数据，同一方案不同的绘制者会定出不同的视角、视觉中心与构图。因此，首先碰到的问题就是如何选择角度，如何构图。

所以，效果图的构图整合就是作画前的构思、

*室内效果图

绘制效果图，首先要考虑的是如何选择所表现对象的角度

设定色彩等规划工作。换言之，就是要把各种因素考虑进去，把众多的造型要素有机地结合起来，并按照设计所需要的主题，合理安排在画面中最适当的位置上，形成既对比又统一的画面，以达到视觉与心理上的平衡。

由此，在正式绘制效果图之前，一般都应勾画一些小草图，揣摩最佳方案，当草图成熟之后，再进一步深化构思和构图，使其详尽完整，最后放大成为正式稿。

对效果图的构图整合思考，我们可以从以下两个方面加以考虑。

确定了所表现对象的角度后，还要确定合适的视点

1. 空间形态与画幅的选择

在效果图最初的构图阶段，首先要考虑的是画面的幅式。画面幅式一般有三种，一种是横放的矩形（横式），一种是竖放的矩形（竖式），还有一种是方形。选择哪一种幅式一般与表现的主体空间形态有关。横放的矩形使人有平稳、安定、开阔的感觉，一般适合于表现那些高度低而宽度大的对象。而竖放的矩形，具有高耸、挺拔的感觉，通常适合表现高度大于宽度较多的对象。方形的感觉居于两者之间，选择的可能性较少。

2. 画面的视觉中心

任何一幅好的作品都有一个较强的视觉中心，这个中心就是这幅作品所描绘的重点，也是趣味中心。它与空间四周形成了主次、轻重、强弱、虚实关系，使整个画面成为一个整体。一旦失去这个中心，画面就会显得平淡而缺乏生气、没有主题，作为设计效果图同样也存在着这个问题。

视觉中心是画面最重要的位置，也是画面刻画表现最精彩的部分，因此比较适合放置设计的中心内容。在构图中，横放的矩形视觉中心一般不宜放在画幅的正中位置，这样容易产生呆板的感觉。通常宜放在画幅中心向左或右微偏一点的位置上，同时，还应将表现对象的主立面所对应的空间大于侧立面所对应的空间面积，这样可以给人一种主次突出、开阔的感觉；竖放的矩形视觉中心一般宜选择画幅中心向左或右微偏并向下沉一点的位置，即上部天顶（空）的面积大于地面的面积，这样的构图位置易产生安定、视野开阔之感。而以景观与小区广场等为对象的鸟瞰效果图表现时，地面的面积才大于天空所留的面积，这样可以充分体现出建筑环境的规划与地貌。

3. 视点角度与比例

效果图是为了给观者对设计的新空间有一个完整的视觉了解，因此，选择合适的视点角度，整体、有效而最佳地体现设计造型、色彩、风格等内容是非常重要的。同时，以合适的比例来放置这些内容不仅可以使画面保持合理的信息容量，又可以具有悦目的视觉效果。

*横式构图

*竖式构图

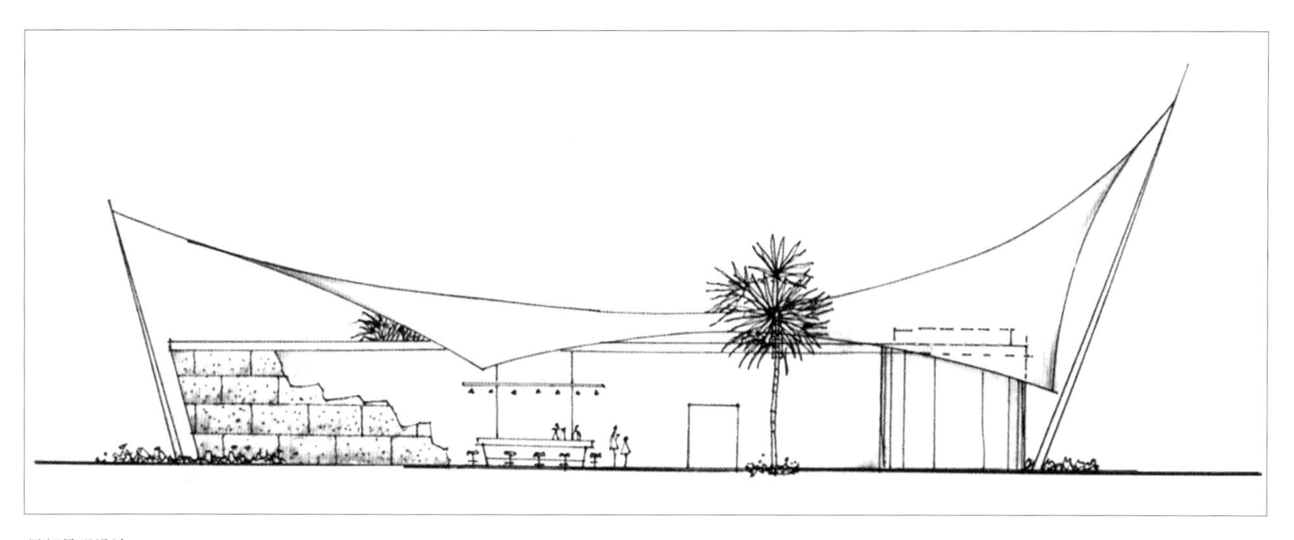

局部景观设计

*室内速写

由于设计内容的唯一性，效果图视点角度的确定没有固定的规定，但有严格的要求，就是要求绘制者能够最佳地体现设计，这就需要绘制者能以具体的设计内容与要求为根据，不仅要具有理解设计与图纸的能力，同时还要有比较丰富的经验与感受判断能力。在角度确定的情况下，我们可以根据设计的要求，对画面的视点进行调整，有意识展示所要强调的视觉中心。通常情况下，当我们以表现地面为主的画面时，可相对调高视点。当以表现室内顶棚为主的画面时，可相对调低视点。当主要以表现左边的内容时，可适当向右边调整视点。当主要以表现右边的内容时，可适当向左边调整视点。当然值得注意的是，调整视点位置是根据设计意图在常规的视点位置上适当进行，它有一定的限度。否则，超出限度，视点过偏，就会造成透视失真。

效果图主景位置与在画幅中所占面积同周围空间面积的比例关系的确定，也是至关重要的，它的面积并不是越大越好，而是决定于构图中的主体与环境是否安排的合理。当主体在画幅中所占面积过小，它与周围空间的面积比例差距过大时，画面会显得空旷、冷清，画面的重点不突出。当主体在画幅中所占面积过大，几乎占据整个画面时，周围空间和物体所占面积比例不合理，画面中就无主次之分，重点也不突出，使得主体失去了主导地位，并且从效果上看也会显得过于拥挤，有压抑的感觉。所以，只有主体和空间周围环境形成合理的比例，画面重点才会突出，并具有良好的效果。

二、设计部件的整合

对于设计中分散的数据与内容，在最终施工前，必须进行视觉上的组合，以验证这些部件的设计合理性与设计的整体效果。因此，效果图绘制就

*室内客厅效果图

是在其未实施项目计划时，把各项目计划可能产生的结果，通过绘制者的理解分析，将各个部分的内容、关系以及材质整合为关联、完整、细致、明快和富有表现力的画面来体现设计的整体效果。所以，效果图的整体合成是一个高度概括的过程，它要求绘制者不仅必须具有设计的理解能力，同时还必须具有能动的创造与组合能力。另外，还必须具有绘画表现能力，能适宜地合成与描绘表达各种材质，比较有效完成整幅的表现图。当然，其中的关键环节是如何协调画面、重组新画面以及反映创意的特色。

三、环境气氛的烘托

效果图的绘制就是为了给观者对设计产生一种身临其境的感觉，由此来感受设计意图和环境气氛。所以，与一般的绘画作品不同，效果图表现的主体既非人物也不是风景，而是设计的新造型与空间环境，作品具有说明性和观赏性。因此，要求所表现的形象鲜明肯定，通过光影、色彩色调以及物体材质，充分体现出现代造型的结构美感。除了刻画好建筑之外，同时也不能忽视环境气氛的刻画。因为，当代社会的发展使人类越来越注重生存环境的质量，仅有造型与结构兀立于画面中是不够的，具有人性与人文关怀的环境气氛同样也是人们的追求。

因此，效果图的表现包含了两个方面的内容。一个是表现设计的主体，即物体空间造型、色彩、风格等要素，它是效果图表现的重点；另一个就是要表现出设计者为满足主体物功能的前提下所营造的环境气氛，如居室要有居住的个性空间效果，商场有产生商业气氛的因素，写字楼有办公的环境要求等，这些都是画面所要提供的信息。所以，在效果图的表现处理过程中，环境气氛的烘托是非常重要的，它是效果图整合的一个不可

*客厅效果图

忽视的内容，如以一个室内环境设计为例，同样一个空间，同样的一个设计方案，由于在整合过程中对于环境气氛的烘托采取不同的方法处理，或采取简单平常的处理，或运用了特殊的光线与营造气氛的辅助道具，其视觉效果则完全不同，从而也可能影响观者对于它的取舍判断。

另外，效果图中对气氛的描绘是多种多样的，作为绘画者，要了解与掌握各种环境的特征、风格与要求，也要关注社会发展与人的需要。

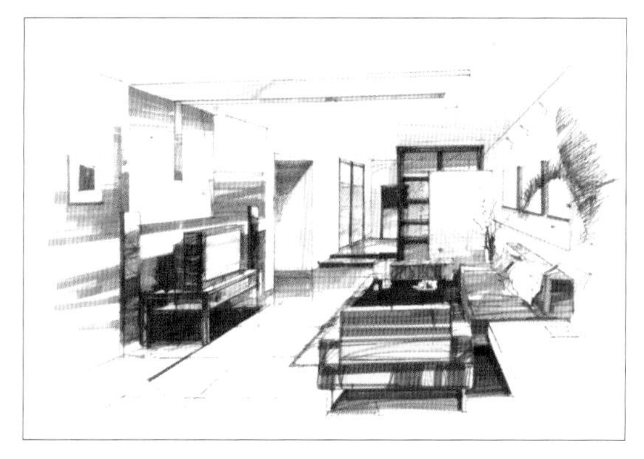

*室内效果图

*室内效果图

第四节　效果图的表现特征

从以上对效果图的各种因素的分析，我们可以总结得出，效果图作为在商业活动中体现设计师创作思想与方案的视觉表现，它具有以下几个方面的表现特征。

1. 独创性

设计是一项创造性的工作，设计定义赋予任何一件被设计产品或造型以新的品质而具有独创性。作为体现设计内容的视觉表现——效果图，同样也具有其创造性的内涵。因此，在进行效果图绘制时，画者应该紧紧抓住这个与他者不同之处的关键特征去表现，这是效果图应该追求的本质内容。

2. 真切性

客观、真实地传达设计构思，是效果图表现的基本原则。效果图表现的对象往往是处于认识判断阶段、尚未实施的方案，通过效果图的表现，使人们对被设计物体的形态、结构、材质、色彩、环境、气氛有一个比较直接的认识，从而来感受投资的价值。所以，效果图所表现的对象是尚不存在的，是真切的，是理想的，未来实现的。

3. 快速性

设计是一项复杂而繁多内容的工作，在紧张而高效的商业活动中，各种方式的平面效果图是一种比三维实体模型效果图制作更为简便、快速的方法，同时，还有利于随时可能进行的修改或重新绘制。

4. 广泛性

平面效果图是一种最为简单并为大众所熟悉与接受的视觉形式，它比三维实体模型更为易于携带与移动。同时，视觉传达直观、明确，并便于复制印刷与做成各种形式的宣传品进行宣传与推广。

5. 商业性

设计以商业为目的，效果图同样也是以商业为目的。平面效果图与三维实体模型相比，不仅更具广泛性，它们之间在成本上也存在很大的差落，平面效果图具有成本价格低的优势。另外，效果图在绘制表现时简洁、明了、程式化的特点也体现了其商业性的特征。

6. 艺术性

效果图是一种传达新思想、表现新设计的方式，它是对于一种未曾出现事物的期望，因此具

*室内效果图

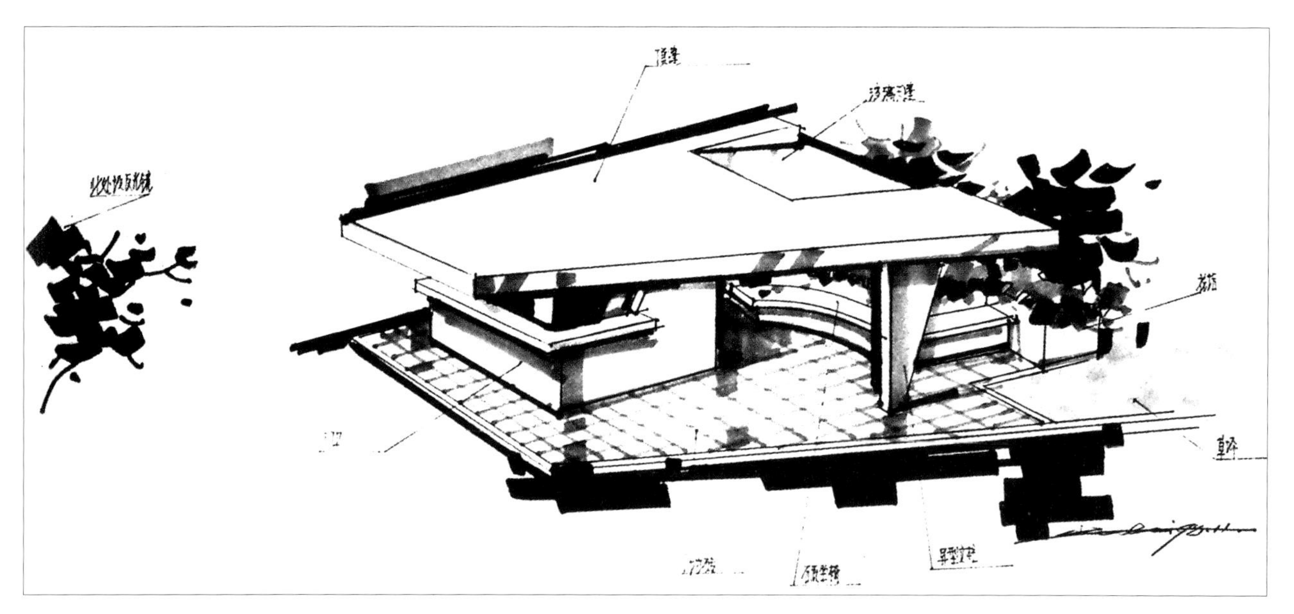

小亭设计方案

有理想的成分，所以以一种艺术的情绪——理想化与优美化的方式来进行效果图的表现也是其重要特征。

第五节 效果图的绘制程序

由于效果图绘制不像纯绘画那样自由随意，它涉及的内容繁多、难度大、要求高，是以设计、大众审美与市场为要求的，所以，许多初学者由此会产生畏难的情绪。另外，绘制效果图需要有一个过程，许多绘制者往往会由于程序错误或某一处不小心而前功尽弃，因此，正确掌握绘制效果图的程序对效果图技法的提高有很大的帮助，并能少走弯路，可以说规范的绘制程序是确保效果图成功表现的重要保障。当然，这些程序也并不是固定而死板的，可以根据每个人的绘画习惯与特点，在绘制过程中进行适当的调整。

另外，需要说明的是，在绘制效果图之前，

*室内效果图

*酒店餐厅效果图

设计方面的问题应已基本完成，包括平面布置，空间组织与划分、造型、色彩、材料的设计。但不等于说设计方面的问题已完全解决，在效果图绘制过程中可能会直接反映出设计中的一些问题，如有不尽人意的地方，可以进行必要的修改，但这必须是比较微弱的，大的修改不仅会影响画面的视觉效果，也会影响绘画者的情绪和绘画质量。

效果图绘制的一般程序是：

（一）准备

1. 工具准备

首先，要准备好效果图绘制的各种工具，并放置在合适的位置，选择与整理好绘制环境。齐备的工具与方便的位置，使操作轻松顺手；明亮、清洁、整齐的环境有助于绘画时的情绪培养。

2. 理解设计

要对设计者设计意图充分了解，了解委托方的要求和愿望，然后进行平面图、立面图的设计思考和研究，包括对经济要素的考虑与材料的选用。

方法是先画大的色块，如天空（顶）、大立面和地面，或者远处的景观。应反复画几次，对每次在小色稿中所调的不同颜色及色调，以及细部可能的处理进行相互比较，会发现这些小色稿在色彩的层次、冷暖、明度上有十分微妙的差别，经过认真比较之后，选出其中最满意的画面，可作为正稿上色的参照。

只有这样，才能在绘制效果图时做到胸有成竹与有的放矢。

（二）画稿

1. 放稿

为了保证效果图正稿的清洁与无误，在绘制前先要根据确定的透视图小草稿画放等比例透视图底稿，然后拷贝底稿，在正稿纸上准确地画出所有物体的轮廓线，即放稿。根据表现技法的不同，可选用不同的描图笔，如铅笔、签字笔、一次性绘图笔或钢笔等。

2. 色彩绘制

根据主体内容的功能状态，选择最佳的绘画

黑白小草稿

彩色小草稿

效果图正稿

技法，并根据已确定的小色稿进行色彩描绘。具体的方法可按照先整体后局部的顺序作画，力求做到整体用色准确、落笔大胆、以放为主，局部刻画要小心细致、行笔稳健、以收为主，由此画面才会整体、精彩而生动。

（三）调整

1. 寻找问题

色彩绘制完成后，还要以放松的心情，与画面保持一定的距离进行观察，寻找问题，然后进行适当的调整。整体——局部——整体的不断反复，是提高与完善作品的最好方法。

2. 校稿

最后要对照透视图底稿进行校正，尤其是水粉画法，因为颜料的覆盖性特别强，在作画时易破坏轮廓线，所以需要在完成前予以校正。

3. 小草稿

小草稿的作用是在画正式稿之前，采取实验的方法画稿子审视其效果。尺寸不一定很大，一旦确定就应成为正式稿的参考。

小草稿应根据表达的内容，选择合适的透视方法和角度。如一点平行透视或两点成角透视，一般应选取最能表现设计者意图的方法和角度。再用小稿的方法画一些黑白透视草图，最后选择主体与画面大小比例恰当与视点合适的透视图小稿作为正式稿的基础。

4. 小色稿

根据确定的黑白小草稿，进行多次色彩实验，方法是先画大的色块，如天空（顶）、大立面和地面，或者远处的景观。应反复画几次，对每次在小色稿中所调的不同颜色及色调，以及细部可能的处理进行相互比较，会发现这些小色稿在色彩的层次、冷暖、明度上有十分微妙的差别，经过认真比较之后，选出其中最满意的画面，可作为正稿上色的参照。只有这样，才能在绘制效果图时做到胸有成竹与有的放矢。

*室内效果图

*室内效果图

*室内效果图

第六节 效果图的风格

设计的目标是为了创造出不仅具有实际使用功能，并且具有审美与文化意义的作品，因此设计风格与个性是设计的灵魂，它集中体现在作品整体的“意”与“趣”上。效果图作为反映设计思想与形态的视觉表现，如果其表现仅是真实性，将缺乏艺术性的处理，由此会失去美感，缺乏感染力。所以，只有通过理解、想象与艺术表现手法去实现，在绘制表达上发挥主观能动性，将自己的认识、修养与技巧自然融入其中，以具有个性与风格的方式去表现，作品才会具有生命力。在这里我们需要提醒的是，一些学生往往会将效果图风格化的表现形式与风格混为一谈，其实风格不仅包含有形式的成分，更多的还融合了绘制者的思想、个性、学识和技巧。

效果图在表现个性与体现风格方面与绘画有共同点，都注重艺术性，表现主体对象，形象、色彩等也差不多。当然，它们还是有很大差异的，它们最大的不同点就是目标不同。绘画是以艺术为目标的，是画家个人思想感情的表露，比较个体，画家在绘画时并不在乎他人的感受与认可，在表现上是绝对注重个性与自由表达的。而效果图则是以商业为目的，

装饰风格的效果图

古典绘画风格的效果图

它更在乎他人的感受和认可，这一点非常重要，因此，它必须遵循客观要求（遵循图纸与建筑结构，结构细节准确，环境合适，色彩明亮，画面中心合适，表现程式化）与市场的约束。

从艺术的角度讲，尽管效果图在这一点上具有某种局限性，但是优秀的效果图作品同样也能单独成画，艺术价值也极高，这可以从历代优秀的大师们给我们留下的作品中发现。

仿照相画风格的效果图

图案风格的效果图

本章说明:

本章全面地介绍了效果图的各种特点，使学生的学习与研究切入到了各具体的方面。

本章提示:

制约、建筑味、设计味、整合、气氛、特征、程序、风格。

本章要点:

1. 效果图表现的依据条件。
2. 效果图表现的程式化语言。
3. 效果图表现的整合处理。

思考题:

1. 效果图在绘制过程中会受到哪些条件的制约?
2. 在效果图的绘制过程中如何体现设计味?
3. 在进行效果图表现的整合处理时要注意些什么?

第六章 学习手绘效果图技法的基础准备

PREPARATION

第六章

学习手绘效果图技法的基础准备

第一节　手绘效果图的准备知识

手绘效果图是一种传统悠久、运用广泛并受到普遍欢迎的效果图表现形式，尽管今天电脑效果图已经被广泛运用，但只会电脑操作而没有手绘效果图基本功的人是根本无法进行电脑效果图绘制的。所以，手绘效果图是一种设计绘制者必须具有的基本功。再者，手绘效果图所特有的亲切、人性与风格性的手工味是电脑效果图根本无法达到与取代的，它有比电脑效果图更具艺术性的特点。另外，手绘效果图直接及方便的特性，在某些情况下更便于与各方交流和沟通。

要掌握手绘效果图的绘制技法，必须具备一些相关的知识。

一、透视知识

“透视”（Perspective）一词的含义，就是透过透明平面来观看景物，从而研究它们形状的意思。因此，它是研究如何在平面上把我们看到的物象投影成形的原理和法则的学科，即研究在平面上立体造型的规律。

透视学中投影成形的原理和法则属于自然科学，但透视学的实际运用，却是为实现画家的创

建筑设计效果图

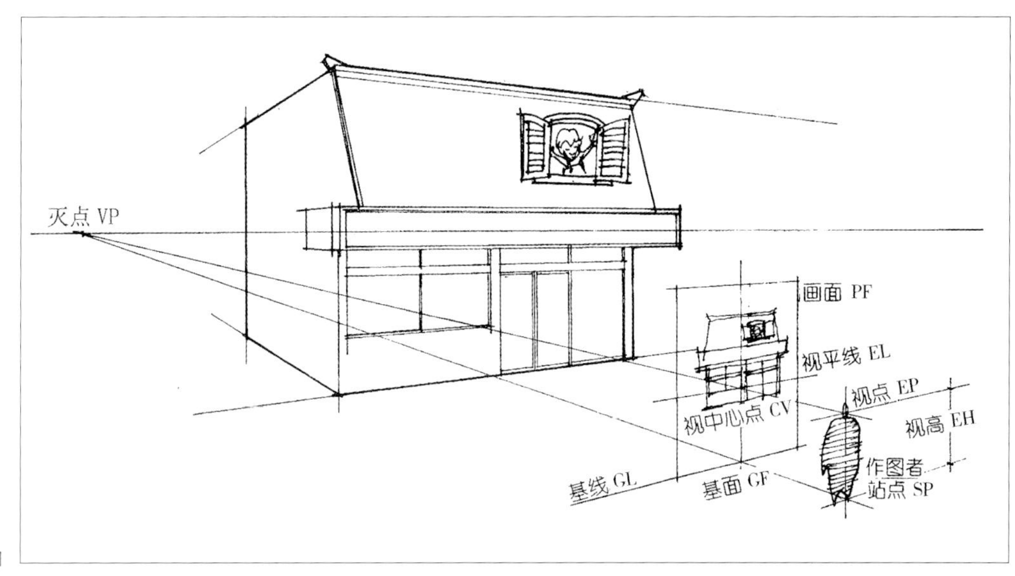

透视图

作意图、设计师的设计意图服务的，因而在透视的运用上必须遵循造型艺术的规律。

学习透视学的目的，不仅是为了掌握在二维平面上表现三维景物的画法，更重要的是用它的规律来指导我们认识事物。因为单凭直觉去作画，是会产生错误的。因此，作为绘画和设计工作者，有必要了解透视的原理和法则，才能更有效地观察和把握物体的形象，准确表现物象，表达作者的创作意图。

透视学是一门专门的学科，它是我们学习效果图技法之前应该掌握的一门学科，有关透视的全面知识在这里我们不作介绍，而是将一些相关的重点内容再作一些提示。

1.透视的基本概念名称

为了研究透视的规律和法则，人们拟定了一定的条件和术语名称，这些术语名称表示一定的概念，在研究透视学的过程中经常需要使用。

常用术语:

现结合透视图介绍一些透视学的常用术语。

（1）基面（GP）——放置物体（观察对象）的平面。基面是透视学中假设的作为基准的水平面，在透视学中基面永远处于水平状态。

（2）景物（W）——描绘的对象。

（3）视点（EP）——画者观察物象时眼睛所在的位置叫视点。它是透视投影的中心，所以又叫投影中心。

（4）站点（SP）——从视点作垂直线与基面的交点。即视点在基面上的正投影叫站点，通俗的讲，站点就是画者站立在基面上的位置。

（5）视高（EH）——视点到基面的垂直距离叫视高，也就是视点至立点的距离。

（6）画面（PF）——人与景物间的假设面。透视学中为了把一切立体的形象都容纳在一个平面上，在人眼注视方向假设有一块大无边际的透明板，这个假想的透明平面叫做画面，或理论画面。

（7）基线（GL）——画面与基面的交线叫基线。

（8）视平线（EL）——视平线指与视点同高并通过视心点的假想水平线。

（9）灭点（VP）——与视线平行的诸线条在无穷远交汇集中的点，亦可称灭点。

（10）视中心点（CV）——由视点正垂线于画面的点叫视中心点。

2.一点透视

一点透视也叫平行透视。一点透视如图所示，其特点是物体一个主要面平行于画面，而其他面垂直于画面。所以绘图者正对物体的面与画面平行，物体所有与画面垂直的线，其透视有灭点，且灭点集中在视平线上并与视中心点CV重合。

一点变两点斜透视。还有一种接近于一点透视的特殊类型，即水平方向的平行线在视平线上还有一个灭点。

一点透视纵深感强，具有庄重、平静、完整的特点，因此这种透视法一般用于画室内布置、庭园、街景或表达物体正面形象的透视图。

3.二点透视

二点透视也叫成角透视，即物体的各个面都不与画面平行，而是成一定角度，各面的平行线向两个方向消失在视平线上，因此，成角透视有两个灭点。由于二点透视较自由、灵活，反映的空间接近于人的真实感受，易表现体积感及明暗对比效果，因此，这种透视法适用室外效果图表现。缺点是如果角度选择不好容易产生变形效果。

4.三点透视

物体倾斜于画面，任何一条边不平行于画面，其透视分别消失于三个灭点。三点透视有俯视与仰视两种。三点透视一般运用较少，适用于室外高空俯视图或近距离的高大建筑物的绘画。

5.轴测图法

轴测图法亦称水平斜轴测法。轴测图是用平行投影原理画出的，能再现室内空间的真实尺度，故可在图板上直接度量。轴测图不属透视范围，因此人眼观看时感觉不易接受。轴测图作图步骤

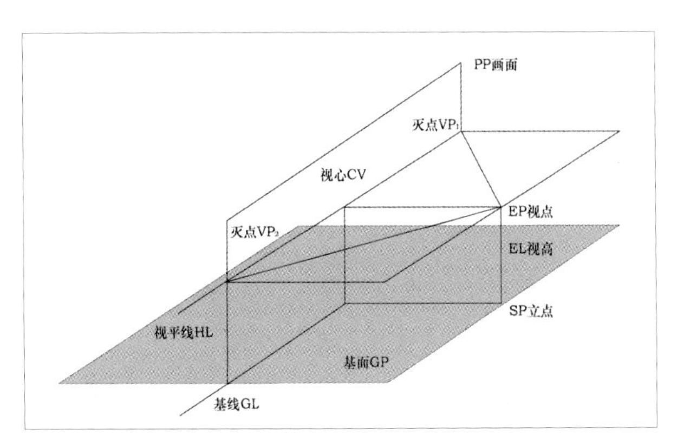

透视关系图

一点透视关系

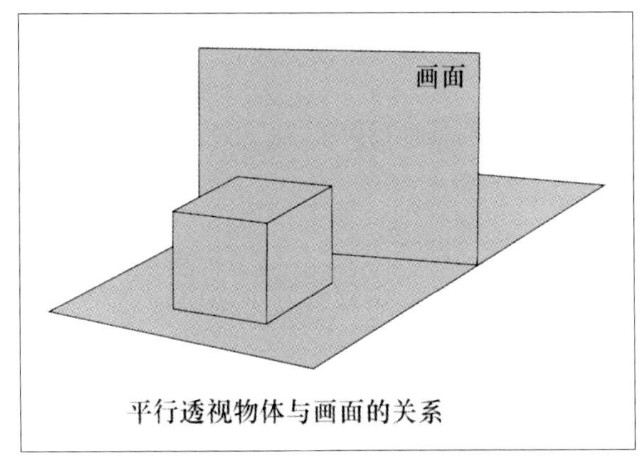

平行透视物体与画面的关系

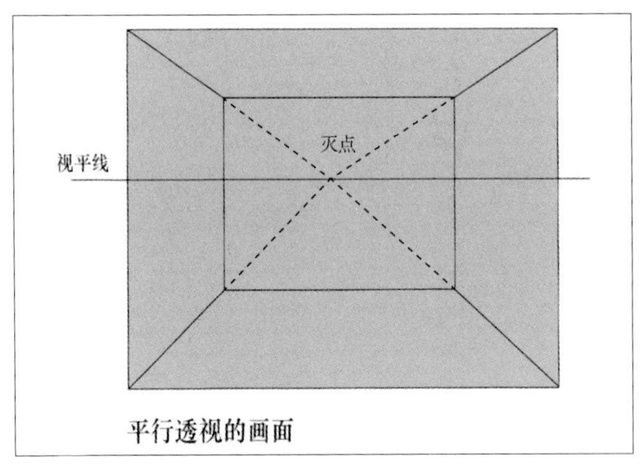

平行透视的画面

二点透视关系

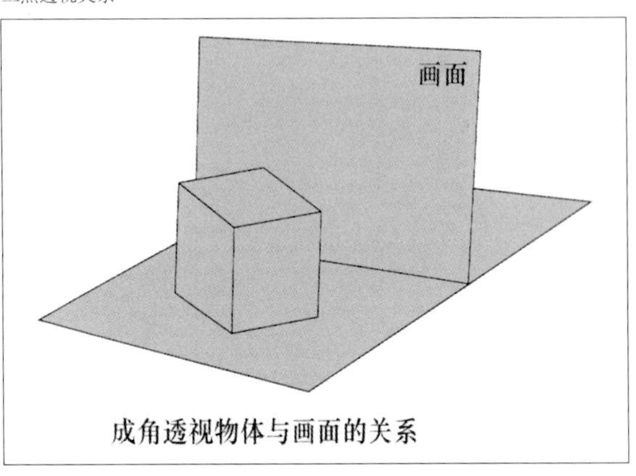

成角透视物体与画面的关系

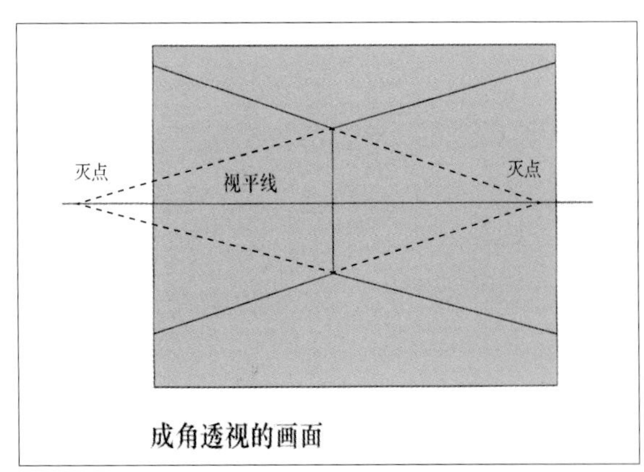

成角透视的画面

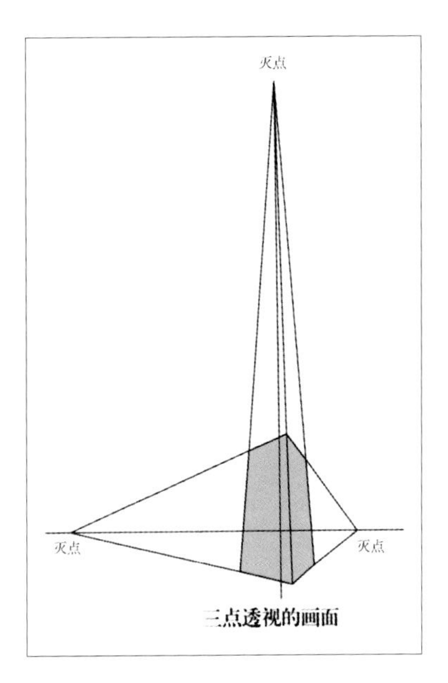

三点透视关系

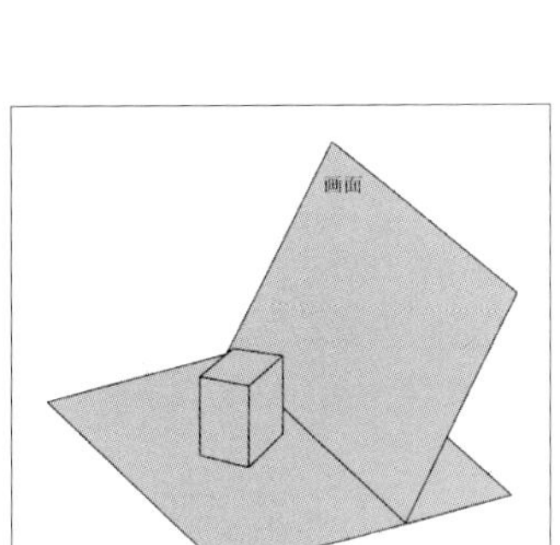

轴侧图画法

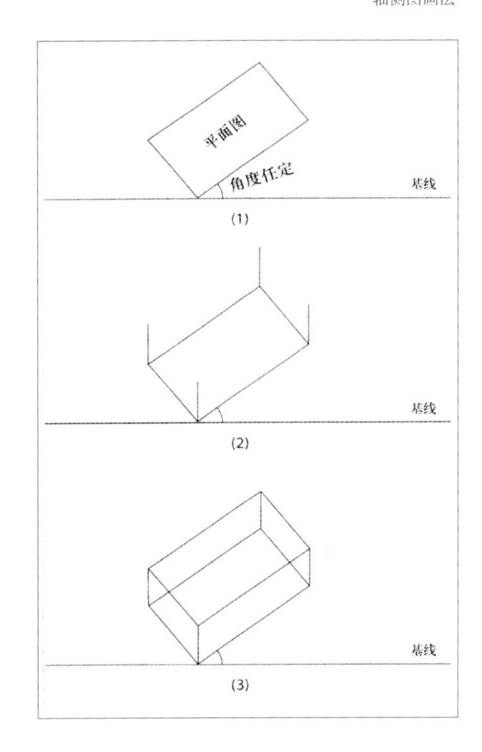

如图所示。

（1）画一水平基线，平面图一角与基线相切，角度任定。

（2）按平面图画出各垂直高度。高度可参考变形系数。

（3）连接高度上各点即完成此图法。

二、设计知识

效果图的绘制是以设计思想为基础、以设计的具体数据为依据并为设计服务的，因此，作为一个从事效果图绘制的画家，具有相关的设计基本知识是至关重要的。因为，我们无法想象一个根本没有设计知识的人能够很好地理解设计并进行很好的效果图绘制表现。所以，要正确而有效进行效果图的绘制表现，具有基本的设计知识是极为重要的。

基本的设计知识包括基础设计知识与专业设计知识。基础设计知识可以使绘制者了解与懂得一些有关设计的基本要求、如何把握设计作品的审美与规律，因而能够使所表现的作品符合当代设计的基本要求。一些专业的设计知识（当然是一些简单而基本的），可以使绘制者从技术性层面更深入地理解与把握所表现的设计作品，同时还能对该设计的潮流与风格有正确的认识与判断，由此可以使所表现的作品更具价值。

三、造型与色彩知识

效果图绘制者除了需要具有一些基本的基础设计知识与专业设计知识之外，还要具有造型与色彩知识，这是效果图绘制时正确的视觉表现判断与提高艺术表现力的基础。

造型知识主要是与素描造型相关的知识，其中包括构图的视觉平衡原理，物体的比例、透视与空间关系，光与明暗的关系等。

色彩知识包含两个方面的内容，一个是绘画色彩知识，另一个是设计色彩知识，或称装饰色彩知识。绘画色彩知识主要是关于物体在光的作用下色彩的变化关系；设计色彩知识则包括光与色彩，色彩的物理与心理作用，色彩的体系（色相、明度、纯度、色环、色立体），色彩的调和与色彩的对比等内容。

四、建筑装潢材料知识

材料是设计的一个重要方面，也是效果图绘制要涉及的一个重要内容，然而却往往是一些学生忽视的一门课程。其实建筑装潢材料知识是每一个从事效果图绘制的画家必须具备的基本知识，因为效果图所表现的设计对象是必须要通过具体的媒介来实现的，而建筑装潢材料就是建筑设计、环境艺术设计与广告展示设计中主要与常用的材料。因此，了解与掌握建筑装潢材料的基本知识，如材料的种类、名称、性能与视觉特点等，对准确进行效果图画面的材料描绘表达。

色彩风景

石膏素描

色彩静物

五、室内外用具基本知识

建筑、环境艺术与广告展示设计均是以实用为目标的设计，这些设计都是围绕我们实际存在为依据的。因此，在效果图的绘制中，那些与生活环境密切相关的室内外用具不仅是我们无法回避的东西，同时也是进行效果图气氛表述的最佳辅助，所以掌握这些室内外用具的基本知识，也是我们进行效果图绘制必备的。

室内外用具基本知识主要是指在生活环境中常出现的用具与物体的名称、使用功能、造型、色彩与尺寸，例如一个普通写字台的结构、造型、长度、宽度及高度。或一个衣柜的长度、宽度及高度等。这些数据知识的把握，对于构建效果图空间与物体的合理关系及营造正确的环境气氛均是必不可少的。因此，作为一个效果图画家，特别是缺乏生活经验的学生，平时多多留意与关注这些用具的基本知识是非常必要的。

部分建筑装潢材料

各种室内基本物品

第二节　手绘效果图的基本功要求

绘制手绘效果图，除具有以上所述相关知识，同时还必须要掌握一定的实际操作技能，这是绘制手绘效果图必须具有的基本功。

素描静物

素描石膏

一、制图基本功

懂得透视知识，还要有规范的制图方法与合理的制图程序，要具有一定制图的能力，掌握制图规范要求，做到整洁、准确、规范、熟练地构架起效果图的骨架，这就是制图的基本功，是效果图绘制必须具备的能力。

二、绘画基本功

素描、色彩这些绘画基本功是进行效果图描绘最重要的基础。

1. 素描

素描是一切造型艺术的基础。在效果图的绘制中，素描造型占有统治地位，“如实描写”是其理论基石，通过整体观察与用黑白的艺术方式表达，使画面具有真实感，能表达出物体的精确性和体积感，具有浑厚和结实的画面效果。在设计时，设计师往往喜欢采用最简便的快速素描方式来进行构思创作。在效果图的绘制时，素描是进行深入描绘的基础。所以，要画好效果图应先学好素描。

素描技能的学习可以通过临摹、石膏写生、静物写生、人物写生与风景写生等方式进行，其中学会整体观察物体，用准确的笔调来塑造形象是关键。学习素描的目的则是要提升具有解决与处理物体的比例、透视、体积和明暗关系的能力。

2. 色彩

色彩是人类的色觉感受，客观世界存在变化万千的色彩。人类生活需要色彩，因此设计离不开色彩，色彩是感性的，也是科学的，具有美感和实用性。从人的视觉感受来讲，色彩优先于形，由此色彩的重要性可想而知。在效果图的绘制中，我们对于色彩的描绘是以绘画色彩为基础的。所以，要表现好效果图的色彩，掌握绘画色彩的基本功是非常重要的。

绘画色彩技能的学习是以对物体的自然色彩观察为依据的，其中既有感性的情绪成分，又有理性的分析内容。通过临摹、写生等方法，可以不断提高理解各种色彩关系、掌握各种水彩与水粉表现技能，目的是为了更好驾驭色彩，提高效果图绘制的色彩表达能力。

三、设计基本功

作为一名优秀的效果图画家，具有一定的设计基本功也是非常重要的，它是效果图绘制表现更具专业化与表达力的基础。因为，一个本身具有设计能力的人在绘制效果图时，不仅有比别人更强的对设计的理解力，同时还有对设计不足进行微微修正与进一步完善的发挥空间，并具有更果断与专业的表现力。因此，拥有一些基本的设计能力（或专业设计能力），也是效果图画家需要努力掌握的一种能力。

第三节 手绘效果图的使用工具

手绘效果图在绘制的过程中具有一定的程序，在表现方法上又有程式化的要求，因此，要符合这些特殊的规范与要求，相关的工具准备是必不可少的。这里介绍的是一些手绘常用工具，一些特殊的工具可以根据每个人的作画要求与习惯自己设计制作。

色彩静物

色彩风景

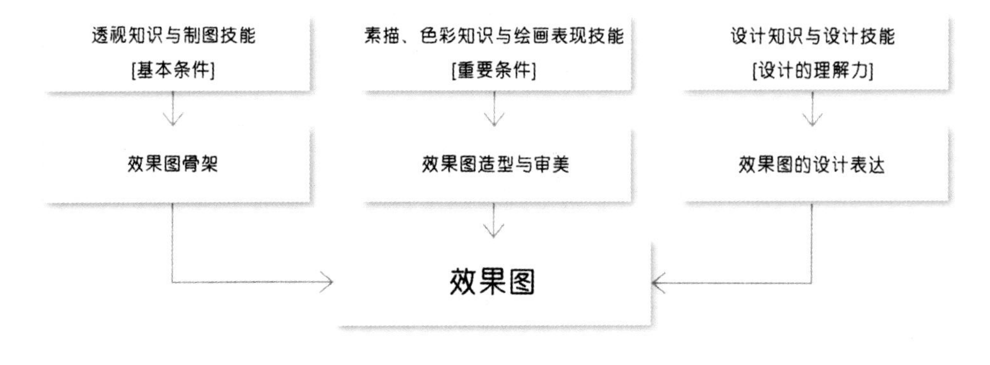

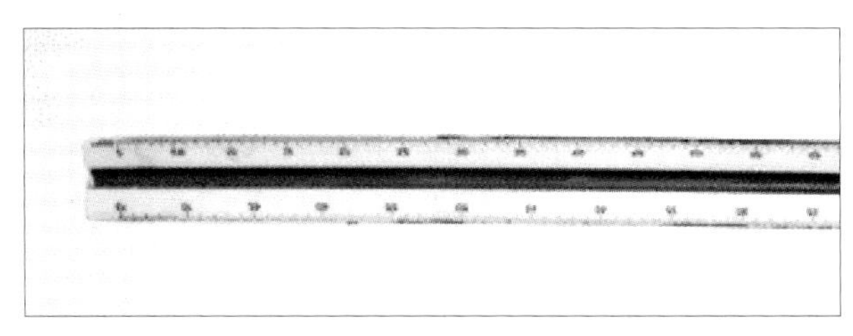

比例尺

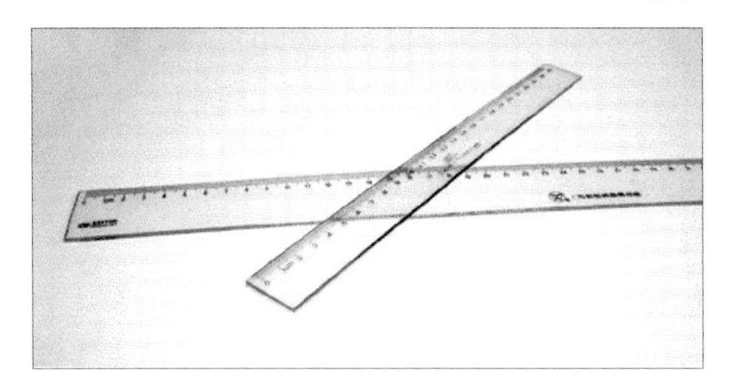

直尺

曲线尺

三角尺

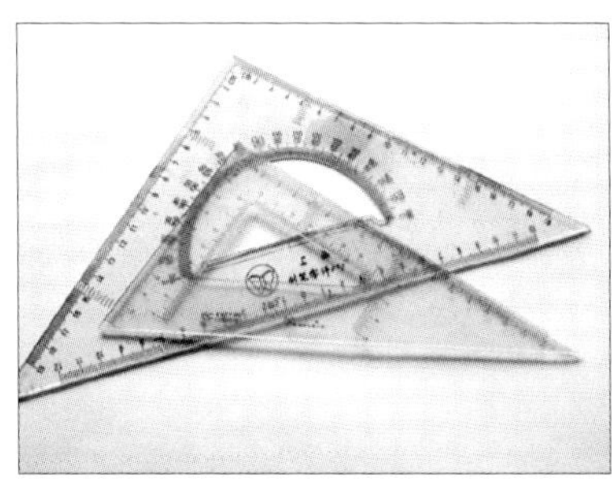

*室内效果图

一、绘图尺

设计是非常重视视觉整体性的，尤其是现代设计，在造型上多以体块与直线、曲线效果来体现。效果图是设计的视觉反映，在绘制表达上应明确体现被设计物体的外部结构和装饰构件，同时也要体现出被设计物体与空间的“新”。所以，利用绘图尺来进行某些地方的界定，可以完美展现这些特征，因为即使绘画经验很丰富的人，缺乏尺的辅助，也是难以达到以上要求的。

效果图绘制常用的尺可分为有机形尺、无机形尺与界尺。

（一）有机形尺

（1）直尺：常用于直线的表现，也是最基本的绘图工具。直尺的长度不同，可根据画幅的大小选用。

（2）丁字尺：它的角度为90°，横向的长度长于图板，可画出直线。丁字尺若安装上小滑轮，能上下自如地在图板上移动，并作出平行的直线。

（3）三角尺：有等腰三角形和直角三角形两种。一端平行于丁字尺，可无误地画出垂线、垂直平行线、斜线、斜线平行线，以及小于90°的几种角度。

（4）比例尺：三棱尺有六种比例刻度，可正确地量出图面各物体之间的尺度关系，比例直尺有四种刻度。效果图一般采用的比例尺度在1：50～1：100之间，画透视图时使用比例的绘图方法能获得真实的效果。

（5）快速制图板：又称万能尺。体积灵巧，能画出水平平行线、垂直平行线、圆弧线和椭圆线等。在画铅笔稿时运用起来比较灵便。

（二）无机形尺

（1）曲线尺：又叫云形尺。曲线尺上有各种弯曲的弧形，可利用它们来画弯曲的转角线条。

（2）蛇尺：是由软铅芯和塑料制成的，可自由弯曲成多变的弧形尺。借助蛇尺可绘制完成效果图中不规则的圆弧形。

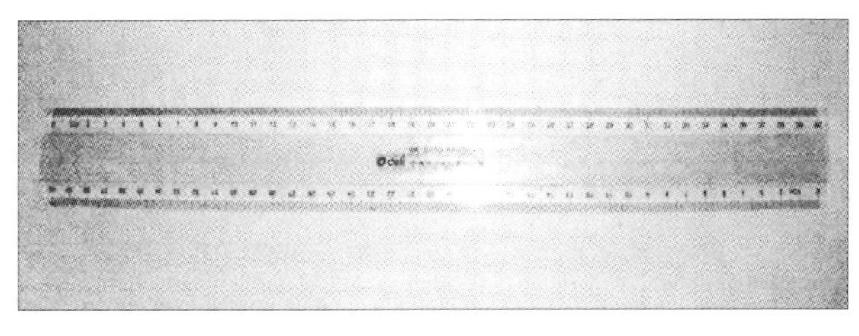

界尺

（三）界尺

（1）界面尺：具有悬空界面的直尺。它是绘制效果图时使用最多的一种直尺用法。由于具有悬空界面，在运用水粉、水彩、马克笔、钢笔等不同的绘图工具进行绘图时，颜色不会沾到画面，又可以表现粗、细不同的色彩线。方法是拿两支笔和一把界尺，两支笔里有一支反向，笔根紧贴界尺边缘，另一支笔可以是尖毫毛笔或宽笔，笔端触在纸面，调节适当角度就可以画线了。

界面尺一般自制，可以用两支直尺错位后粘

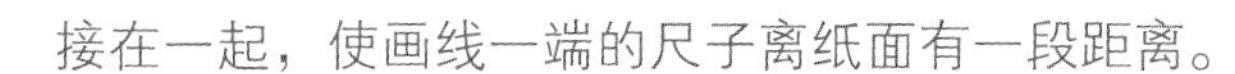

接在一起，使画线一端的尺子离纸面有一段距离。

（2）桥尺：中间悬空的直尺。桥尺具有跨越的功能，可以在某些局部未干的情况下，快速作图。

主要用于绘制各种不同粗、细线，以及线的排列与交叉。

桥尺一般自制，可以在直尺的两端粘接合适高度的块状脚，使画尺的中端离纸面有一段距离。

（3）槽尺：带凹槽的直尺。槽尺具有固体移动位置的作用，能结合两支画笔作图。

二、绘图笔

应用于效果图绘制的绘图笔种类比较多，有铅笔、墨水笔、毛笔、水粉笔、马克笔和直线笔等。这些笔在绘制时的作用各不相同，运笔的方法也比较多样，运用不同的笔与不同的方法，可达到各种迥然不同的艺术效果。

简单地说，在画效果图时，用笔的方向性很强。另外，由于效果图的用笔比绘画更注重尺度感，所以绘制者应了解各种笔类的性能。一个经

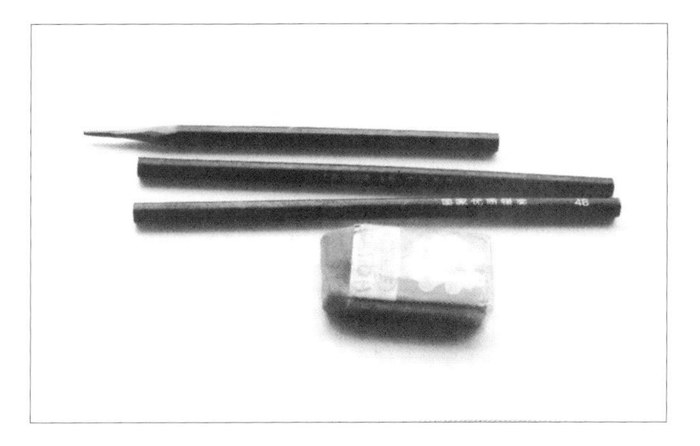

铅笔与橡皮

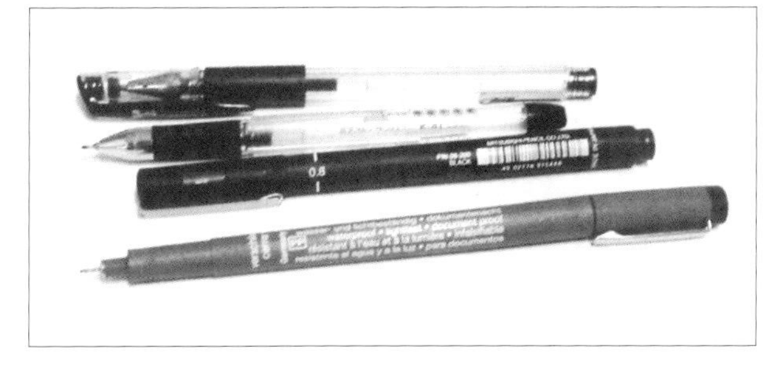

针管笔与签字墨水笔

*室内速写

验丰富的绘制者对自己所使用的一些笔的性能是了如指掌的，因此，初学者也不妨选用几支质量较好的常用笔，经过一段时间的使用之后，对其性能的掌握会愈来愈好。

常用的各类笔有硬笔、软笔和仪规笔。

（一）硬笔

（1）绘图铅笔：绘图铅笔是专用的制图铅笔，笔芯有软、硬之分。起稿时一般用B类软铅笔，然后用H类硬铅笔定稿。在绘制铅笔淡彩或素描表现图时，可软、硬兼用。

（2）针管笔：针管笔也称绘图笔，有不同的粗细口径，用于绘制各种粗细不同的线条。在效果图绘制中，可用其确定最后的造型。绘制时，笔头倾斜为80° ～85° 为佳，画线时不宜过快，不能反向运笔，否则容易堵。

（3）彩色铅笔：用彩色铅笔是一种非常方便的上色与处理效果的方式，可以通过几种颜色的叠加获得较柔和的效果，比较适用在一些简单的快速效果图的表现上。对于水溶性彩色铅笔，可以用水溶解笔画，以替代一般的淡彩。

（4）钢笔：在效果图的绘制中，如使用不当，墨水渗漏易破坏画面的整体效果，所以，钢笔一般适合于速写性的快速效果图表达。

（5）签字笔：介于针管笔与钢笔之间，有不同的粗细口径，用于绘制各种粗细不同的线条。在效果图绘制中，可用其确定最后的造型，也适合画速写。绘图时，用笔自由，不堵塞。

（6）马克笔：又称记号笔，有水性和油性两种，色彩鲜明，能快速表达设计意图，在作图时不必调色，同时还具有不变色和快干的性能，适于在专用的马克笔纸或白卡纸上使用，也能在其他类型的纸上绘图。

（二）软笔

（1）水彩笔：以天然毛类制成的水彩笔吸水性强，质地柔软有笔锋，适用于水较多的湿画法，既适宜渲染又可以刻画，是一种画家普遍喜欢使用的工具。

（2）水粉笔：各种大小的水粉笔毛呈扁方形，毛软，表现出的笔划宽直柔和，非常适合表现具有柔和色彩感的色块和直线感笔触。

（3）底纹笔：底纹笔毛软，宽度以寸来计，适宜画整体而大块的面积，如天空、地面、墙面等，

马克笔

彩色铅笔

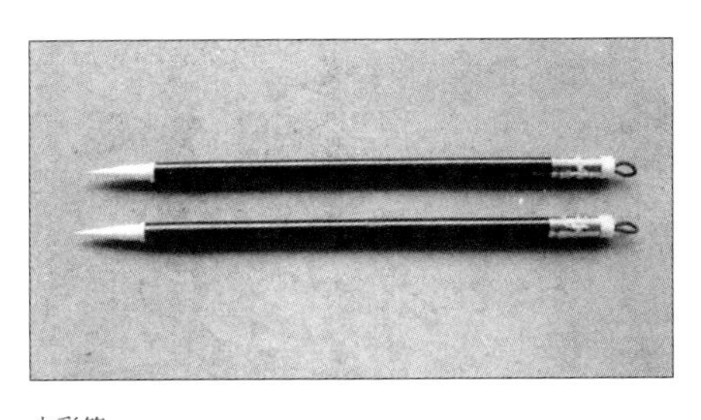
水彩笔

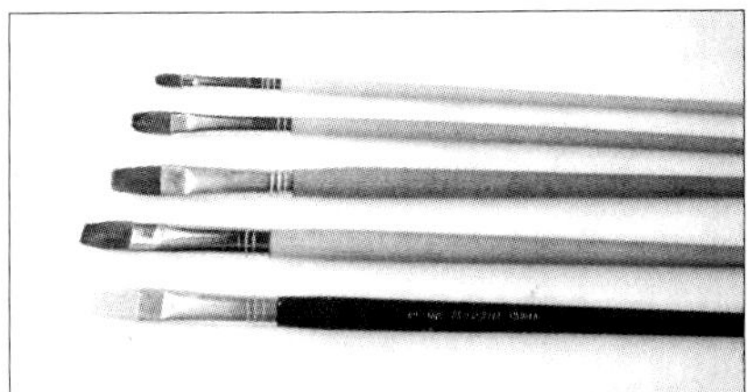
水粉笔

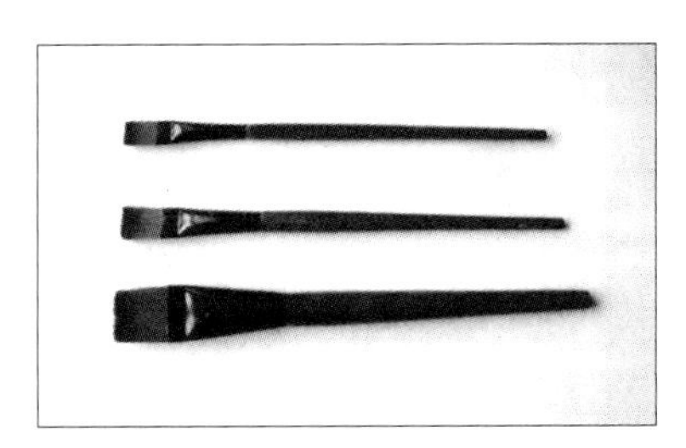
尼龙笔

底纹笔

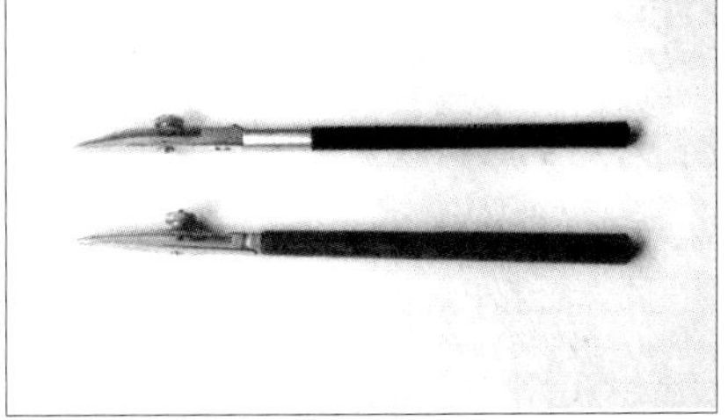
直线笔

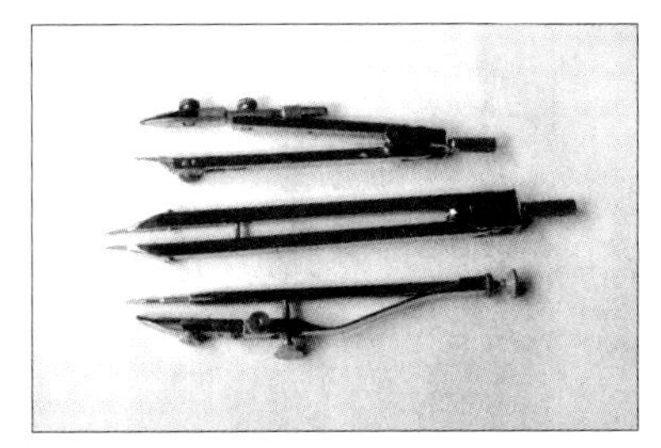
圆规

对确定与控制画面的色调具有非常重要的作用。

（4）尼龙笔：尼龙笔是一种更为方便的工具，形状与水粉笔相同，具有兽毛笔无法达到的弹性，且不变形，所以非常适合表现具有直线感笔触。

（三）仪规笔

（1）直线笔：又叫鸭嘴笔，可用水粉色画出直线条，同针管笔一样，对修饰画面和提高画面表现力有着至关重要的作用。但使用时要注意颜色的厚薄，太厚颜料下不来，太薄易漏色。

（2）圆规：圆规也是效果图绘制必备的工具，既可以制图，又可以画颜色圆线。

三、画纸

绘制效果图所用的纸张比较宽泛，一般应根据需要与作品的要求而定，作品表现得越深入，用纸越厚。拷贝应用较薄的拷贝纸、宣纸与硫酸纸。速写性快速效果图用纸最好在80克以上，常用的有白纸、复印纸、绘图纸以及各种特种纸等。表现比较深入的色彩效果图用纸最好在150克以上、纸基较厚并有良好的吸水性厚纸，这些纸有水彩纸、水粉纸与卡纸等。一个经验丰富的绘制者是非常了解纸的特性的，会利用这些纸与水、色的关系性能，绘出各种所需的画面效果。另外，为了追求画面的特殊效果，也可用一些有色纸与特种纸。

各种有色纸

（一）厚纸

（1）水彩纸：水彩纸质量较好，纸质白而坚实，着色后色彩饱和稳定，便于修改。质量较好的有180克保定产水彩纸和进口水彩纸。另外，水彩纸同样适用于水粉画。

（2）水粉纸：水粉纸的性能比水彩纸单一，吸水性较水彩纸弱，从效果图的要求来讲，水粉纸绘制时的性能与效果不如水彩纸佳。但适合色彩写生表现。

（3）有色纸：牛皮纸、艺术卡纸等，这些纸类有各种颜色，有的表面纹路似水彩纸，具备一定的吸水性，纸基厚实。有色纸底色和谐，色调适度，作图时可作为画面基调。亮色用色粉或水粉提画，用彩铅涂画效果亦佳，可作为趣味性的小品，但无法有效地体现湿画法的效果。

（二）薄纸

（1）拷贝纸：在绘制效果图时，用于将草稿上已确定的透视图拷贝转移至正稿上。拷贝纸透明性好，纸质薄软。

（2）硫酸纸：用于拷贝最好的纸是硫酸纸，不仅透明性特别好，而且纸质平整挺括，拷贝时不易破损。

（3）复印纸：80克A3与A4尺寸的复印纸是常用的绘制速写性效果图的用纸。

（4）绘图纸：绘图纸是绘制平、立、剖墨线图用纸，吸水性较弱，但适于马克笔和彩色铅笔进行描绘。

四、颜料

描绘效果图所用的颜料就是一般适宜在纸面进行绘画的颜料，根据这些颜料的性能特点有覆盖色、透明色与混合色之别。常用的覆盖色主要为水粉色和色粉，透明色有透明水色、水彩色、照相色、国画色与丙烯色，在绘画时具有混和力的是彩色铅笔、色粉笔与马克笔。绘制者在了解色彩特点性能的情况下，可根据不同的需要选择使用颜料。

一般效果图的色彩要求较明快，这种明快不是刺眼的鲜艳，应是轻柔和温馨的感觉。因此，

拷贝用硫酸纸

水粉色

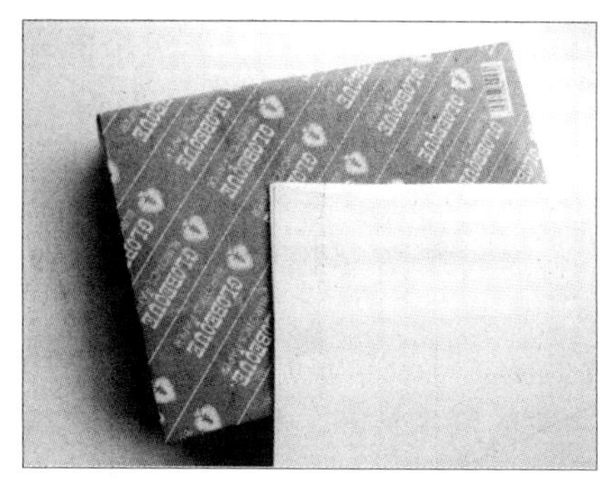

复印纸

卡纸

在调色盒里要合理放置颜料与调配颜料。

（一）覆盖色

（1）水粉色：水粉色又称宣传色或广告色，有瓶装和锡管包装两种，色彩鲜艳，具有较强的覆盖力，适合于较大的画面，但达到一定的厚度时，干后会呈现龟裂以至脱落，因此，在作图时不宜太厚。

（2）色粉：色粉颜料有粉状色粉与色粉笔。粉状色粉使用麻烦且牢度差，现在画家不太使用，现常用的为色粉笔，适宜在有色纸上使用。色粉笔具有覆盖透明色的能力，自我使用则具有相混合的能力。

（二）透明色

（1）水彩色：水彩色的特点是色彩雅致透明、细腻。其酣畅淋漓的效果是任何画种都无法比拟的，但色泽不如水粉色鲜艳，可与水粉色混合使用，也可用来画钢笔淡彩或铅笔淡彩效果图。

（2）透明水色：透明水色是加注彩色水笔的颜料，鲜艳、明亮，使用方便，是透明度最好的颜料。

（3）照相色：是快速渲染的可选颜料，适宜画钢笔淡彩或铅笔淡彩效果图。

（4）丙烯色：属于快干类颜色，用法与水粉相同，而且防水耐折，可塑性强，耐涂盖而不剥离，不反色，这是其他颜料所不具备的性能，但其性能较难掌握。

五、其他相关工具

在进行效果图的绘制中，除了以上常用的工具外，还有一些相关的工具，如美工刀、橡皮、笔洗、抹布，以及快干用的电吹风，需要局部喷绘的喷笔与低黏着力阻隔膜等。

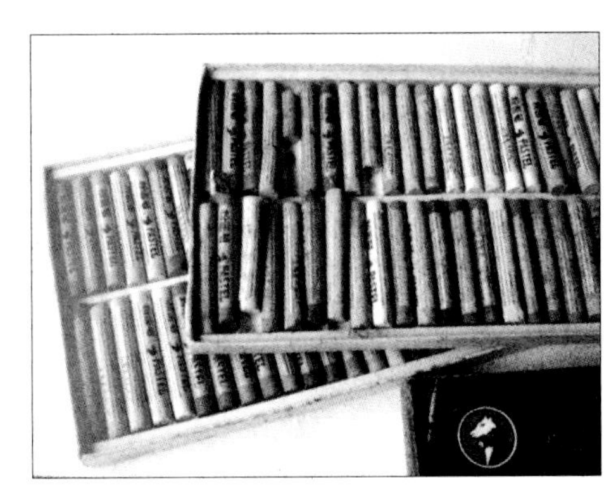

色粉笔

水彩色

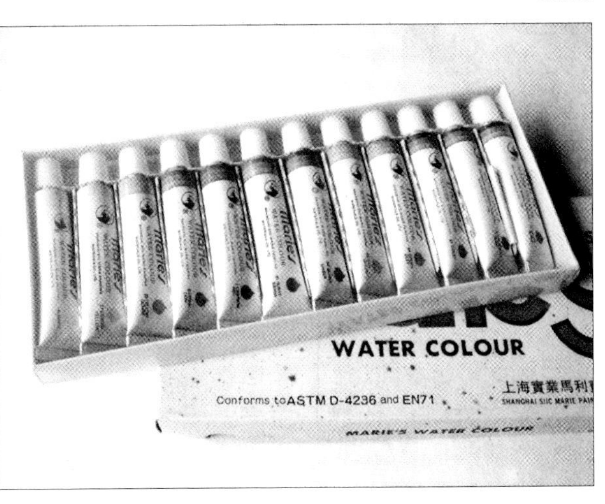

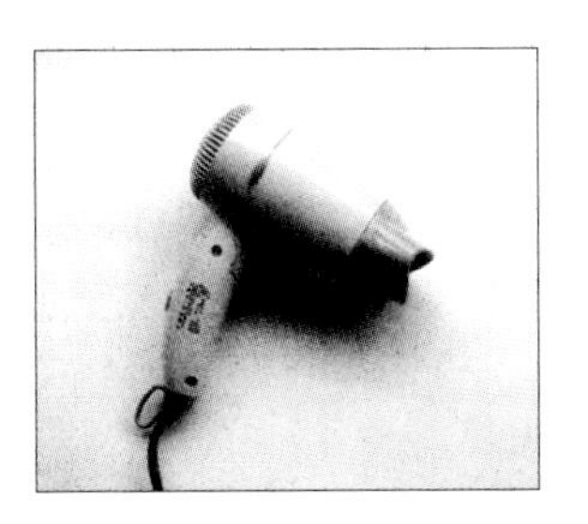

电吹风

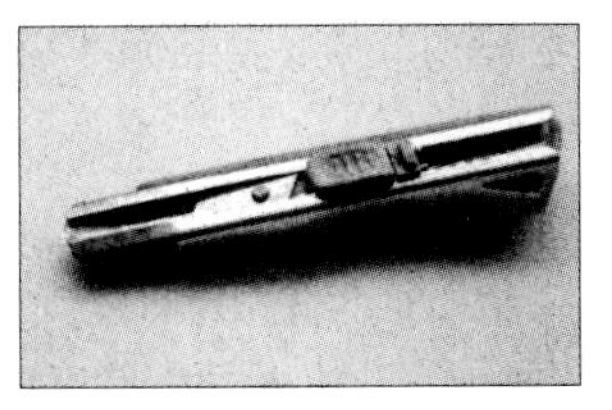

美工刀

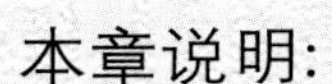

本章说明:

本章详细地介绍了学习手绘效果图所需要的知识准备与基本功要求，使学生在思想上与行动上对学习手绘效果图具有充分准备，为下一步学习奠定基础。

本章提示:

准备知识、透视、制图、用具、材料、绘画、设计、基本功、工具。

本章要点:

1. 透视知识。
2. 手绘效果图基本功要求。

思考题:

1. 学习手绘效果图需要哪些准备知识?
2. 学习手绘效果图有哪些基本功要求?

第七章
快速手绘效果图技法

QUICK TECHNIQUE

第七章

快速手绘效果图技法

*室内效果图

*风景速写

*室内效果图

第一节 快速手绘效果图的概念与特征

一、快速手绘效果图的概念

效果图的根本目标是为设计服务的。效果图作为一种具有工程意义的绘画，是整个设计环节中一个不可缺少的部分，具有重要的地位，它不仅具有翻译设计数据、直观表达设计方案的作用，同时它还是各方相互之间沟通设计的一个途径。随着社会进步，现代设计业也得到了快速的发展。在现代社会节奏不断加快的形势下，快就是效率、快就是成功，相反就会失去竞争力。在建筑设计、环境艺术设计、广告展示设计专业的范畴中，不论立意构思，还是方案设计，以及画效果图，都要求在最短的时间内完成。常规的建筑画，尤其渲染图，虽然可以把内容表达得十分充分，但在效率上明显缺乏优势，而快速效果图作画快捷、易出效果，不仅满足了上述要求，同时，快速的表达能力在业务洽谈中所发挥的记录、沟通等方面的作用，在业务的竞争中具有特别的价值。因此，快速手绘效果图作为效果图绘画中的一种新的方法与类型，它是时代的产物，也是效果图发展的产物，它正在发挥着越来越重要的作用，深受建筑设计、环境艺术设计、广告展示设计专业工作者的普遍欢迎，在当今是一种必备的基本能力。

二、快速手绘效果图的主要特征

在确保效果图绘制基本要求的情况下，如所描述的物体形态必须真实、准确等，快速手绘效果图还必须具备以下三个方面的特征，即表现快捷、省时，效果概括明确，操作简单方便。达到这三点要求，就可称得上是一幅快速效果图。

1.表现快捷、省时

快速是一个相对的概念，快速效果图作画时间相对较少，表现快捷省时，并不是说快速手绘效果图绘画可以不分画的内容与要求，一律只用

*室内效果图

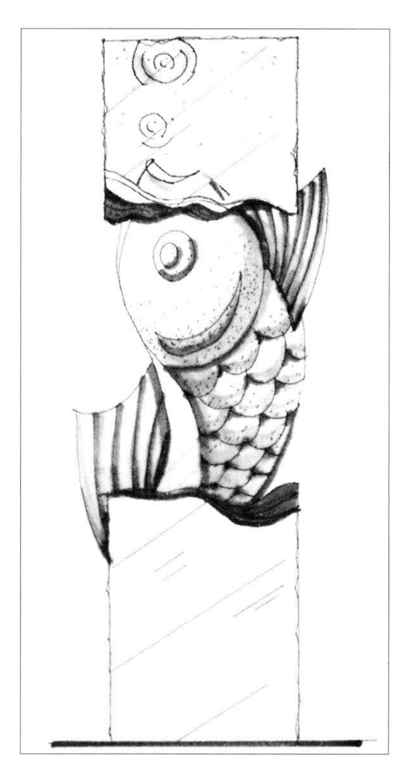

装饰雕塑效果图

很少的时间在规定的范围内完成作画。例如完成一幅建筑效果图可以用速写的方式在几分钟内完稿，但完成另一幅设计方案草图，或方案效果图，则要用数十分钟或者更长一些时间。但是这两种效果图均仍可以统称为“快速效果图”，因为相对其用数小时或数十小时才能完成传统色彩渲染效果图而言，它们的表现已经是非常快捷省时了。

2. 效果概括明确

以高度概括的手法，删繁就简，采取少而精的方法，对可要可不要的部分及内容大胆省略，删减次要部分及非重点内容，加强主要内容的处理，形成概括而明确的效果，这是快速效果图的又一特征。因为高度概括不仅可以起到快的作用，还可以起到强化作品主要信息内容的作用，但要注意的是，快不等于潦草，快同样需要严谨、准确、真实，不可夸张、变形，更不可主观随意臆造，所以要紧紧抓住所描述对象最重要的特征，重点刻画其体积、轮廓、层次及最重要的光影和质感等，从而达到概括的理想状态。另外，快捷概括表现对象，势必会对深入刻画产生影响，如果不采取必要的加强措施，会造成画面虚弱无物的印象。因此要加强所要表达的主要重点，抓住精髓之处刻画，明确关系，如强调明暗的对立与黑白灰的关系与安排；加大力度着意刻画光影的虚实、远近关系；夸张材料质感的反差等。总之，通过一系列的对比手法，把概括明确处理得实实

*室内速写

在在，达到给人以清晰鲜明的视觉效果。

3.操作简单方便

效果图要比较快速完成，操作简单方便非常重要，简单就容易快，繁琐必然耗时。操作简单方便要求绘画的程序要简单，绘画的工具要方便，绘画者要能胸有成竹非常果断在画面上直接表现，所用的工具包括笔、纸、颜料均应能做到使用便利，最好以硬笔（如钢笔、马克笔、彩色铅笔等）作业为主，尽量减少湿作业（最多使用一些水彩淡彩），同时，使用的工具品种也应该尽量少，这样操作就非常简单方便了。

*室内效果图

第二节　快速手绘效果图的分类与要求

一、快速手绘效果图的分类

快速手绘效果图的分类除了在视觉上存在黑白与彩色之别外，主要是根据表现工具来划分的，其基本种类如下：

（一）黑白类

（1）钢笔快速手绘效果图：画面对比强烈，形象生动有力。

（2）铅笔快速手绘效果图：形象容易塑造并可修改，能作出各种层次，画面表达轻松。

（3）炭笔快速手绘效果图：形象生动，刚柔相济，亦能作出各种层次，表现力强。

*钢笔速写效果图

*钢笔速写效果图

*钢笔速写效果图

*钢笔与马克笔效果图

（二）彩色类

（1）钢笔淡彩：用钢笔在绘图纸、复印纸或水彩纸上作画，然后辅以水彩色（薄水粉）、马克笔或彩色铅笔。

（2）铅笔淡彩：用铅笔在绘图纸、复印纸或水彩纸上作画，然后辅以水彩色，画面效果柔和含蓄。

（3）炭笔淡彩：用炭笔配以水彩（薄水粉）或粉彩在水彩纸或草图纸上作画，效果生动，表现感染力强。

（4）马克笔：用马克笔为主，适当配以少量水彩，在水彩纸或草图纸上作画，效果干脆明快。

（5）复印淡彩：用钢笔、铅笔、炭笔草图复印，复印时可缩放调整画幅的尺寸，感觉合适后用水彩或薄水粉、或结合马克笔着色。画面以线条为骨架效果清爽、干净。

（6）照片植入：在彩色渲染图中，插入相应比例的拍摄的真实场景、环境照片内容，再翻拍成照片，形成与现状浑然一体的有空间、环境内容的效果图。

二、快速手绘效果图的要求

作为一种广泛而实用的效果图表现方式，快速手绘效果图越来越受到设计师的欢迎，而要画好快速手绘效果图，必须要符合与达到以下要求：

1.形准是灵魂

快速手绘效果图作画过程无论多么快捷与概括，表现对象的形一定要如实做到严谨与准确，这是效果图的灵魂，同样也是快速手绘效果图的精髓。快速手绘效果图绘画区别于一般的速写绘画，它不能进行任意的夸张与变形，必须要严格遵守所表达对象固有的比例与尺度的准确，材质与色调的真实，体形与轮廓的完整，结构体系的严谨以及空间的情趣等，反对失真的表达。

2.合理表达与处理画面关系

快速手绘效果图画面中所体现出的关系必须是合理而处理得当的。因此，绘画者必须具有良好而扎实的基础，尤其是素描的基本功要扎实。要能善于对形象分析、理解与描述，能抓住形体的主要特征，熟练而合理地处理刻画、表达好画面中的体与面、光与影、远与近、虚与实、柔与刚、动与静等关系。

3. 整体而精炼的画面

快速手绘效果图画面必须整体而精炼，它没有必要花过多的时间去描摹一些并不重要的内容与细节。多易繁，少则精，精的前提是要少，但少并不等于可以散，少更要重视画面的整体性。因此，整体而精炼的画面是快速效果图的一个不容忽视的要求。

为此，我们在进行快速手绘效果图绘画时，首先要通过认识分析对象，重点抓住其主要的结构与主要内容及主要部分，作为重点刻画的对象，其他均可大胆省略，切忌面面俱到，多则繁，繁易乱。其次，在对描述的对象刻画时，高度概括的同时要注意画面的整体性，能统一的就不强调区别，由此使它形成整体而精炼的画面。

4. 重点明确与效果强烈的视觉感受

快速手绘效果图画面的视觉感受必须是效果强烈而重点明确的。效果强烈可以使所表达的设计尽管简单，但同样能引起别人的注意与重视；重点明确可以使观者并没有因为画面简单而无法了解画面所要传达的主要信息，而是能一目了然设计的重点。因此，绘制快速手绘效果图，充分注重效果强烈与重点明确的表达是十分重要的。我们知道，从一般的认识讲，少容易简单与平淡，但少同样容易注目，诀窍就在于要对重点部位着力深入刻画，要反复运用多元对比手法，这样可以做到醒目而引人注意，这样才能少而不平谈，简而不苍白，才能使画面层次清晰、主题突出、生动丰满、精彩夺目，具有重点明确与效果强烈的视觉感受。

*学生临摹练习作业

建筑设计方案效果图

第三节 快速手绘效果图的学习方法与表现技法

一、快速手绘效果图的学习方法

快速手绘效果图是一种用途非常广泛，并在设计环节与业务交流中具有非常重要地位的效果图表现方式，同时也是进行手绘渲染效果图与电脑效果图绘制的基础，是每一个设计师必备的技能，所以快速手绘效果图的学习与掌握非常重要。要学习好快速手绘效果图，掌握一定的学习方法非常重要，要能把握重点，而掌握熟练的速写绘画表现能力是关键，把握好透视与物体空间关系是根本，科学有效的学习步骤与方法是途径。

（一）学习步骤

1.速写绘画表现能力是关键

速写绘画表现能力的培养与提高是学习快速手绘效果图的一个重要步骤。快速手绘效果图绘画的一个重要特点就是在塑造空间物体对象时是非常直接而果断的，它不需要任何繁缛的程序，也不需要任何辅助的工具，画家凭藉着准确的判断与熟练的绘画技能一蹴而就，而这种能力的基础就是速写绘画表现能力。因此，熟练掌握速写绘画表现能力是画好快速手绘效果图的关键。

速写是素描的分支，速写的特点是表达时在时间和空间上没有素描那么充裕与宽泛的要求。它可以随时、随地拿起笔和纸，用流畅的线条来描绘对象。而在快速勾画对象时，速写将往日绘画的过程与要求迅速提炼成表现对象的本领，表达时已浓缩了构图、透视、比例、体积以及各种矛盾关系的处理等因素，并赋予了生动的即兴效果。因此，速写具有生动而感人的生活气息，是一种独特的绘画表现形式。

素描的绘画方式是从整体开始的，而速写则是从局部入手的，如果缺乏胸有成竹的整体意识，速写时将难以控制形的准确性，由此画面会出现松、散、乱、歪等现象，所以，要准确把握与协

*钢笔素描速写

*钢笔白描速写

*速写效果表现

调好各种关系，最终使画面达到完整、生动，整体感强。同时，还必须具有熟练的速写绘画技巧，速写的绘画技巧主要来源于平时的训练，许多优秀的画家与设计师都有这样的艺术历程，如美国建筑大师格雷夫斯认为速写是“日记”，不仅能记录生活细节及其当时的所见所悟，又可获得创作灵感，像草稿又类似最后效果。因此，速写成为了他们艺术与设计生活中的一部分。

在绘画门类中，速写尽管是最基础的，但速写却是一种具有较高艺术价值的绘画方式，速写在中国传统画论中有“搜尽奇峰打草稿”之说，此一语概括了速写源于生活又高于生活的特质。速写作品之所以生动活泼和耐人寻味，根本在于其具有亲切感人的生活气息，表露了作者真实的生活感受。因此，画家要从平常的生活中，去感受与发现生动的瞬间，汲取丰富的创作源泉并升华为艺术作品。

速写表现的方法与风格是多样和因人而异的，但我们还是可以根据其观察与表现方式的不同分为白描速写与素描速写两类。白描速写以中国绘

*钢笔白描速写

*钢笔素描速写

画理念与方式为基础；素描速写则以西洋绘画理念与方式为基础。

速写表现的工具也是多样的，基本的工具有铅笔、钢笔、炭笔、毛笔、彩色铅笔等。

2.透视与物体空间关系的把握是根本

快速手绘效果图的学习与掌握，透视与物体空间关系的把握是根本，这就是学习中另一个重要步骤与要解决的问题。从某种意义上讲，这是快速手绘效果图学习中的一个难点，因为在快速手绘效果图的绘画过程中，这是许多学生最容易出现的问题，也是最难解决的问题。

首先是透视问题，透视本身就是一个比较复杂的问题，在快速手绘效果图的表述过程中，绘画者的表述是直接的。因此，画者对画面透视关系的控制与把握也只能且必须凭感觉与经验来判断，具有丰富的经验与对透视熟练的控制表达能力就显得非常重要，否则很容易出问题。可能出现的情况是，许多学生往往是越画越不准，越画越走样，最终就成为了变形的空间与物体。

另外一个问题就是物体在空间中的相互关系难以把握。这应该是一个更难与复杂的问题，以一个室内空间为例，其中各种方向摆放的物体之间的透视与空间相互关系是更为复杂的，然而它们之间的关系必然是有机、有序与合理的。但在快速手绘效果图的绘画中，许多学生在表达时会不自觉将它们表现得空间关系混乱，或彼此之间关系矛盾。这确实是一个相对复杂、关系微妙、容易忽视与难以把握的问题。因此，要把握好这个关系，绘画者首先要明了这些关系，在绘画时心中有这些关系，表达时处处留心这个关系，由此反复，熟能生巧，最终达到良好的状态。所以，准确而熟练地把握好这些关系，是掌握好快速手

*钢笔室内效果图

杂志与刊物上的原图

*学生对图速写作业

绘效果图技能的根本。

（二）学习方法

科学有效的学习方法是掌握快速手绘效果图技能的最佳途径。任何技能的学习与掌握都有一个过程，也都有一定的规律，快速手绘效果图技法的学习同样如此，它也有一个循序渐进的过程。在这个过程中，绘画者首先要明确目标、明确各种具体的要求，同时，在理论上知晓画面各种关系的处理要求。在实践方面，还要根据以往的经验，按一定的规律有步骤进行实践，要养成经常速写的习惯，可以通过临摹、对图速写、对景（物）速写、再到按设计要求创作的过程进行反复训练，来逐步提高快速手绘效果图的技能。

（1）临摹：临摹就是对照别人现成的作品进行描摹。学习快速手绘效果图表现技法可以通过大量临摹一些好的速写与快速手绘效果图作品，来提高自己绘画表现的熟练程度，并由此来体会他人处理画面关系的经验。

（2）对图速写：对图速写就是对照摄影图片进行速写，这也是一种方便而有效的学习方法。图片可以使你得到大量需要的内容，特别是一些建筑与室内资料，有些内容你根本无法实地速写。

（3）速写：一个专业的设计师与画家，应该随身携带速写本与笔，养成经常对景（物）进行速写的习惯。这是提高速写能力，掌握快速效果图表现技法的有效方法。

（4）设计创作：在具有了一定的临摹、速写能力的前提下，可以进行一些根据设计要求而进行的快速手绘效果图绘制。

*钢笔速写

*快速室内效果图

二、快速手绘效果图的表现技法

快速手绘效果图主要是根据绘画工具来分类的，在这些工具的使用中，画家们根据各自不同的需要，充分发挥着各种工具结合的可能性，以达到一种快速而理想的视觉效果，由此使快速手绘效果图的表现类型变得相对比较复杂。在诸多表现中，最基本、常用而具有代表性，并容易掌握和便于操作的有钢笔速写、钢笔淡彩、铅（炭）笔草图、铅（炭）笔草图淡彩与马克笔五种，我们在这里作为学习的重点进行介绍。

（一）钢笔速写

钢笔速写是快速效果图中最基础、运用最广泛的表现类型，是一种与铅（炭）笔速写具有很多共同点并更概括的快速效果图表现方法，所以这种技法是设计学专业人员重要的必会技能与基本功，它对培养设计师与画家形象思维与记忆，锻炼手眼同步反应，快速构建形象、表达创作构思和设计意图以及提高艺术修养、审美能力等，均有很好的作用。

*钢笔速写效果图

1. 工具要求

（1）笔：应选用笔尖光滑、并有一定弹性的钢笔，最好正反面均能画出流畅的线条，且有粗细之分为佳，钢笔可随着画者着力的轻重，能有不同粗细线条的产生。使用钢笔应选用黑色碳素墨水，黑色墨水的视觉效果反差鲜明强烈。这里需要注意的是墨水易沉淀堵塞笔尖，因此，画笔要经常清洗，使其经常保持出水通畅，处于良好的工作状态。

另外，现在除了传统意义的钢笔以外，具有同样概念或效果的笔也非常多，比较适用的有中性笔、签字笔等，这些笔使用时不仅不需另配墨水，而且使用起来非常的轻松方便与流畅，已越来越受到大家的欢迎。

（2）纸：应选用质地密实、吸水性好、并有一定摩擦力的复印纸，白版纸或绘图纸等，纸面不宜太光滑，以免难于控制运笔走线及掌握轻重粗细。图幅大小随笔者习惯，最好要便于随身携带、随时作画。

2. 技法要点

（1）钢笔速写主要是用线条的方式来表现对象的造型、层次以及环境气氛，并组成画面的全部。因此，研究线条、线条的组合与画面的关系是钢笔速写技法的重要内容。

（2）由于钢笔速写具有难以修改与从局部开始画的特点，因此下笔前要对画面整体的布局与透视、结构关系在心中有个大概的腹稿——一种设想、安排与把握，这样才能保证画面的进行能够按照预期的方向发展。

（3）如何开始进行钢笔速写的描绘，这是许多学习者首先碰到的问题。一个有经验的画家，他的钢笔速写下笔可以从任何一个局部开始。但对于初学者，最好从视觉最近、最完整的对象入手。因为，最近与最完整对象画好后，其他一切内容的比例、透视关系都可以以此来作为参照，由此这样描绘下去画面就不容易出现偏差。反之，如果没有固定的参照对象，画到后来就会出现越画越变形的现象。因此，钢笔速写的作画方法很重要。

（4）钢笔速写表现的对象往往是复杂的，甚至是杂乱无章的，因此要理性地分析对象，理出头绪，分清画面中的主要和次要，大胆概括。具体处理时应主体实，衬景虚。主体内容要仔细深入刻画，次要内容要概括、交代清楚甚至点到即

*钢笔速写

*钢笔速写

* 不同方式的钢笔速写效果图表现

可，切记不可喧宾夺主地去过分渲染。

另外对于画面的重要部位要重点刻画，如画面的视觉中心、主要的透视关系与结构，都可以用一些复线或粗线来强调。

（5）要注意线条与表现内容的关系。钢笔速写的绘画主要是通过线条来表现的，钢笔线条与铅笔、炭笔线条的表现力虽有所异，但基本运笔原理还是大体相似的，绘画者除了要能分出轻重、粗细、刚柔外，还应灵活多变随形施巧，画家笔下的线条，要能表达所描绘对象的性格与风貌，如表现坚实的建筑结构，线条应挺拔刚劲；表现柔枝嫩叶，线条就应松弛秀丽等。

不同方式的钢笔速写效果图表现

（6）要研究线条与画面的关系。绘画者在观察实物的过程中要研究线在画面中的走势，线条运动是有速度的，由此会产生韵律；线条运动也是有快有慢的，就此产生节奏。所以，就点、线、面三要素而言，线比点更具表现力，线又比面更便于表现，因此绘画者要研究如何运笔，只有熟练掌握了画线条的基本技法，速写时才能做到随心所欲，运用自如。

另外，钢笔速写的绘画表现有白描速写与素描速写之别，白描速写的表现是非常注重画面线条疏密关系的，画家可通过对线条的疏密处理来解决画面的一切要求与问题。素描速写表现可分结构速写表现与明暗速写表现两种，结构速写表现的线条处理可注重线的速度或粗细变化，由此可较好体现画面对象的空间与透视关系；素描速写表现的线则比较自由，线条以塑造对象形体为目的。

（二）铅（炭）笔草图

铅（炭）笔效果图除了作为快速效果图出现以外，还常是设计师设计过程中的工作草图、构想手稿、效果速写等。因此，这类工具表现方法比较适宜作效果草图。铅（炭）笔草图画面看起来轻松随意、有时甚至并不规范，但它们却是设计师灵感火花记录、思维瞬间反映与知识信息积累的重要手段，它帮助设计师建立起构想、促进思考、推敲形象、比较方案起到强化形象思维、完成逻辑思维的作用。因此，一些著名的优秀的设计大师的设计草图手稿，都具有非常高的艺术与收藏价值。所以，铅（炭）笔草图尽管表现技法简捷，但作为设计思维的手段，其具有极大的生命力。

1.工具要求

（1）笔：铅（炭）笔草图作图比较随意，画面轻松，因此，铅笔选用建议以软性为宜。软性铅笔（B类）一来表现轻松自由，其二视觉明晰，其三便于涂擦修改。而硬性铅笔（H类）则反之；炭笔选用则无特别要求。

（2）纸：铅（炭）笔草图作图由于比较随意，所以用纸比较宽泛，但是要尽量避免使用对铅（炭）不易黏吸的光面纸。

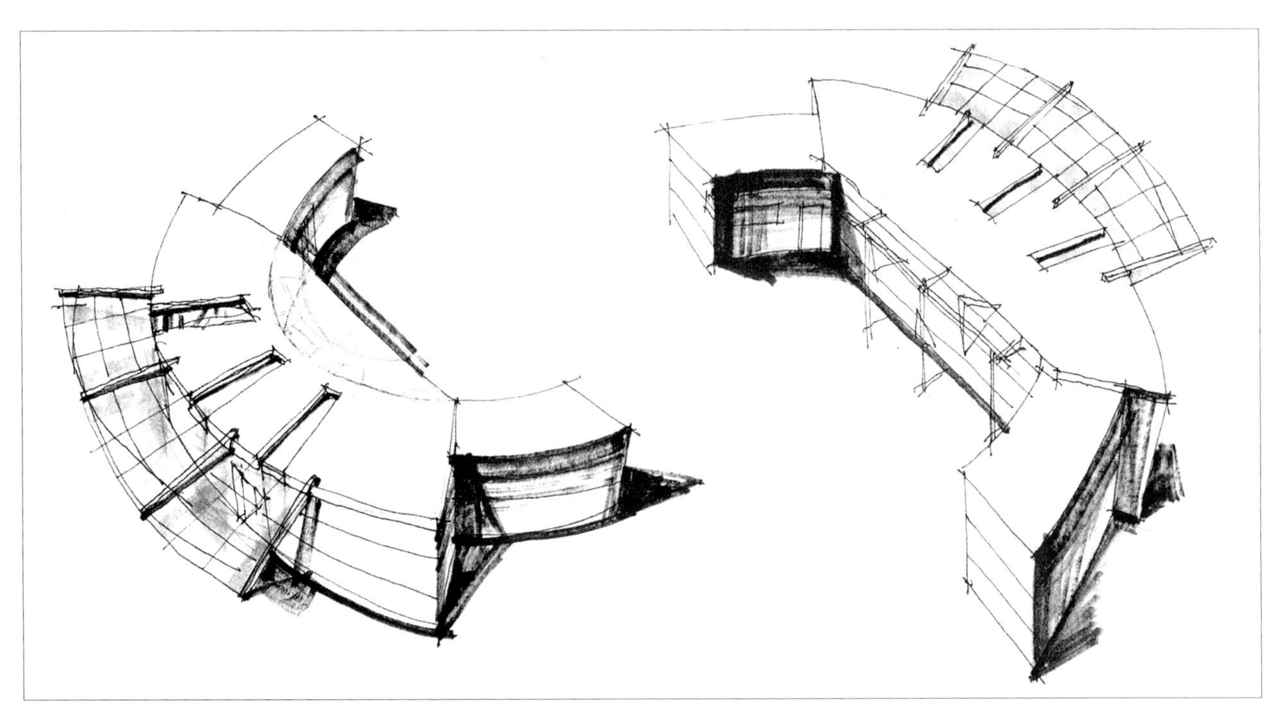

设计草图

*铅笔草图

*碳笔草图

2. 技法要点

铅（炭）笔效果图在表现上可以同样具有钢笔速写的效果，因此，在技法上除了具有钢笔速写的要点外，还要注意以下几个方面：

（1）由于铅（炭）笔作图具有便于涂擦修改的特点，所以在起稿时可以先从整体布局开始。在表现与刻画时，也尽可以大胆表述。

（2）要充分利用与发挥铅笔或炭笔线的运作性能。铅笔与炭笔由于运笔用力轻重不等，可以绘出深浅不同的线条，所以在表现对象时，要运用线的技法，比如，外轮廓线迎光面上线条可细而断续（表现有眩光等，背光面上要肯定、粗重，远处轮廓宜轻淡，近处轮廓宜明确，地平线可加粗加重，重点部位还要更细致刻画，概括部分线条放松，甚至少画与不画等）。

（3）铅笔或炭笔不仅在表现线方面具有丰富的表现力，同时还有对面的塑造能力，具有极强的塑造表现力，是最常用的素描表现工具。铅笔或炭笔在表现时可轻可重，可刚可柔，可线可面，可以非常方便地表现出体面的起伏、距离的远近、虚实的关系、光影的效果、材料的感觉、色彩的明暗等。所以，在表现对象时，可以线面结合，这样对画面主体与辅助内容的表达都具有极富生动的表现力。

（4）在对重点部位描述的深度上要比其他部位更深入，在表现上甚至可以稍加夸张，如玻璃门可用铅笔或炭笔的退晕技法表现并画得更透明些，某些部位的光影对比效果可更强些；在处理玻璃与金属对象时还可以用橡皮擦出高光线，以使画面表现得更精致、更有神，由此使得画面重点更突出。

（三）钢笔淡彩

钢笔淡彩是一种在钢笔速写基础上进行简单上色的效果图表现方式，具有操作简单方便、画面轻松明快、效果直接强烈的视觉感受，因此深受设计师与客户的欢迎。

钢笔淡彩可分干、湿与干湿混合三种作业方

*铅笔草图

式。湿作业即是将前述被速写的对象及景物涂以水彩颜色；干作业则是用彩色铅笔或水溶性彩色铅笔、马克笔着色；干湿混合作业则是用水彩颜色铺底，然后用彩色铅笔、水溶性彩色铅笔或马克笔着色。

*快速效果图表现

1. 工具要求

钢笔淡彩在黑白速写阶段的工具同铅（炭）笔作图：工具要求，只是在着色时需要增加一些色彩工具。湿作业时应准备透明水色或水彩、水粉颜色，另外配备几支水彩毛笔、水粉笔或尼龙笔；干作业时应准备一些彩色铅笔或水溶性彩色铅笔与马克笔。

2. 技法要点

（1）由于钢笔速写多是用钢笔一次完成之作品，所以着色必将在其后，因此，一定要等钢笔墨水干透之后再上色，否则，墨水容易化开，当然，如果使用中性笔与签字笔这种情况就基本可避免。同时，在湿作业着色时，最好使用透明水色或水彩色，水分尽量要少，上色要准确，争取一次就完成确定色调与着色工作，反复遍数多了，钢笔的墨水会被软化开，造成不可收拾的局面。

（2）钢笔淡彩的着色不易太浓，色彩基调应以清朗明快为主，可以在平涂的基础上在结构或

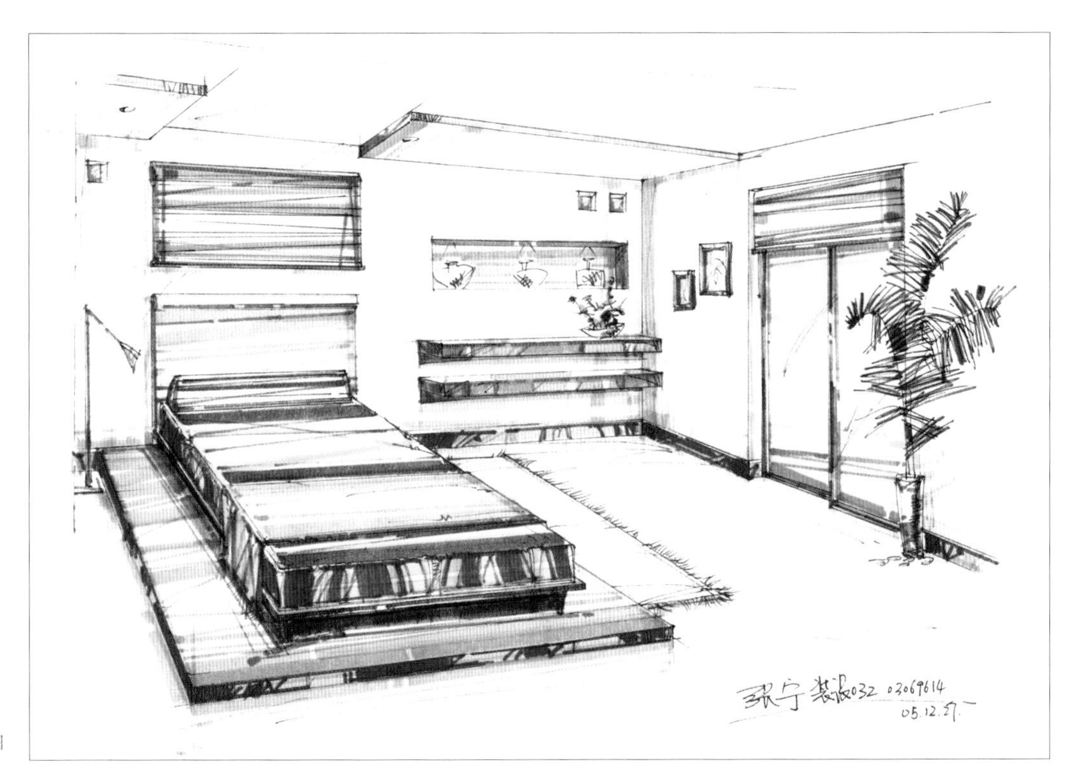

*钢笔与马克笔淡彩效果图

明暗交界处适当加重着色力度，明朗的色调衬以钢笔速写黑白反差强烈的线条，综合效果将十分舒心夺目。

（3）在干作业时，则用彩色铅笔、水溶性彩色铅笔或马克笔着色。彩色铅笔、水溶性彩色铅笔由于没有水分，着色时就可放心大胆地描绘各种需要的色彩，既可重复又可混合，不如意时还可以用橡皮擦修改调整；水溶性彩铅着色后，如有需要的内容还可用少许清水涂抹，使彩铅色溶化，能产生湿润柔和与含蓄微妙的特殊效果；用马克笔淡彩应尽量使用淡一些的颜色。另外，马克笔笔触较小，要注意色彩的整体性。

（4）采用干湿混合作业则是一种非常好的淡彩方式，可以先用透明水色或水彩色铺底，然后根据需要用马克笔或彩色铅笔进行描绘，要先湿后干。这种方式的效果图既有简洁明快的视觉感受，又有深入精彩动人的效果。

*钢笔彩铅效果图

*钢笔水彩淡彩效果图

（四）铅（炭）笔淡彩

铅（炭）笔淡彩就是一种在铅（炭）笔草图基础上进行简单上色的效果图表现方式，具有操作简单方便、画面生动感人、视觉表达明确的感受，深受设计师的喜欢。

铅（炭）笔淡彩可分为炭笔粉彩与铅笔水彩两种（如以炭笔水彩，由于是带水作业，水会冲刷画面上的炭粉，造成黑色的污染，画面难以控制，后果十分不理想，由此不建议此种作业）。

1.工具要求

铅（炭）笔淡彩在黑白草图阶段的工具同作草图，着色时基本工具与钢笔淡彩所用的也基本相同，只是在炭笔粉彩时需要增加一些色粉笔与进行色粉刻画的纸擦笔工具。纸擦笔工具可用旧报纸卷后削尖而成。

*铅笔淡彩

*有色纸效果图

2.技法要点

（1）炭笔粉彩的画面最好使用有色纸。由于炭笔墨色较深，对比强烈，而色粉笔同样也是色彩较浓烈的，因此两者共同描绘处理的画面由于缺乏中间过渡而容易变得散而不协调。所以，用有色纸不仅可以统一画面的色调，而且可以协调过分的对比，使画面形成有机的统一。

（2）色粉颜色效果强烈、对比反差大，色彩艳丽、有刺激性，不适宜大面积涂色，而简洁到位的表现则是非常具有吸引力的。因此，合理而概括地上色是色粉表现的关键。另外，色粉笔着色粗放，笔触表露在表面会使画面效果感觉粗糙、杂乱，所以可用纸笔或手指揉擦，使塑造的部位色彩均匀些而显得精致。

（3）铅笔淡彩与钢笔淡彩从总体上讲在技法上没有太大区别，铅笔淡彩最大的特点是在水彩上色完成后，可以用铅笔在原有彩色的画面上进行叠加、覆盖再次深入刻画，直至满意为止。所以，画者在进行铅笔淡彩着色时尽可以大胆些，色彩宜明朗，色度也可适当夸张，稍偏艳丽也无妨，因为加上铅笔的再次刻画调整，画面的整体性是有保障的。

（五）马克笔

马克笔由于携带与使用简单、方便，此种效果图绘制简便、快捷，一般不会出现问题，效果也很强烈，因此非常适宜进行设计方案的即时快速交流，深受设计师的欢迎，是现代设计师运用广泛的效果图方式。

1.工具要求

目前市场上的马克笔有国产与进口马克笔两种，国产马克笔颜色种类相对简单，而进口马克笔颜色种类十分丰富，有几十种之多，可以画出需要的各种复杂的灰色调。另外，马克笔分水性与油性两种，水性马克笔使用起来比较温和，而油性马克笔则比较浓烈，而且会渗透到纸的反面。

2. 技法要点

（1）马克笔基本上属于干作业，故掌握起来比较方便，是一种较好的快速表现方法，前述画好的钢笔图，着以马克笔颜色，即是马克笔效果图，所以马克笔有同钢笔淡彩相类似的技法与要求，只是使用着色的工具是马克笔，其原理同前，从略。

（2）在钢笔透视结构图上进行马克笔着色，需要注意的是马克笔笔触较小，用笔要按各体面、光影需要均匀地排列笔触。否则，不仅容易散，而且容易乱。涂上各自的颜色，最好少用纯度较高的颜色，而用各种复色形成高级灰调子，完成全幅图面上的着色。否则，容易散且容易乱。

*水彩与马克笔效果图表现

*马克笔效果图表现

本章说明:

本章理论联系实际，通过科学而具体的实践辅导，使学生了解与基本掌握一些快速手绘效果图的表现技法。

本章提示:

快速省时、概括明确、操作简单、方法、步骤、速写、生动、临摹。

本章要点:

1. 快速手绘效果图表现的要求。
2. 快速手绘效果图的学习方法。
3. 快速手绘效果图表现技法。

思考题:

1. 简述快速手绘效果图的主要特征。
2. 快速手绘效果图的要求是什么?
3. 在进行快速手绘效果图表现时需要注意些什么?

作业:

1. 选择满意的速写作品进行临摹。

要求：数量20幅左右，能够比较自如地进行线条的表达。

2. 选择以建筑或室内为主体内容的实景或图片，用钢笔进行速写写生或速写描绘，然后挑选部分作品进行水彩或马克笔淡彩上色。

要求：数量20幅左右，表达流畅，结构透视准确，物体间关系合理，色彩明快。

第八章
手绘色彩渲染效果图技法

COLOR TECHNIQUE

第八章 手绘色彩渲染效果图技法

第一节 手绘色彩渲染效果图的概念与特点

一、手绘色彩渲染效果图的概念

如前所述，作为一种具有工程意义的绘画，效果图的根本目标是为设计服务的。然而，随着设计业的发展，人们对于效果图的需求也向着多元化方向发展，快速效果图的方式满足了设计师设计构思与委托方高效沟通等方面的需求；电脑效果图则可以满足一些工程比较大，要求比较高与规范的客户要求；而手绘色彩渲染效果图则弥补了其中的中间不足，它以一种充满人性的个性魅力，可以比较完整深入地用色彩进行描绘刻画，把设计内容表达得十分充分，是诸多常规设计的效果图表现方式。另外，手绘色彩渲染效果图是一种最为传统与规范的效果图表现方式，全面掌握它对促进手绘快速效果图的提高、对电脑效果图的渲染描绘都具有非常重要的意义。

二、手绘色彩渲染效果图的主要特点

在确保效果图绘制基本要求的前提下，如所描绘的物体形态必须真实、准确等，手绘色彩渲染效果图与快速手绘效果图和电脑效果图相比较，它具有以下四个方面的特点：

1.别具韵味的设计感

手绘色彩渲染效果图在表现设计作品时，有着别具韵味的设计感。由于手绘色彩渲染效果图在绘制表现时不如快速手绘效果图那么自由，也不像电脑效果图那么冷漠、机械与死板，其既十分注重程式化的表现语言，又重视发挥个人的表现，因此，在表达时可以用笔触非常真切地表达理想的设计状态，这是其他形式的效果图无法达到的效果。

2.完整而经典的表达

手绘色彩渲染效果图在处理画面时以完整到位而受到大家赞誉，它既注重概括，又讲究有序

*室内效果图

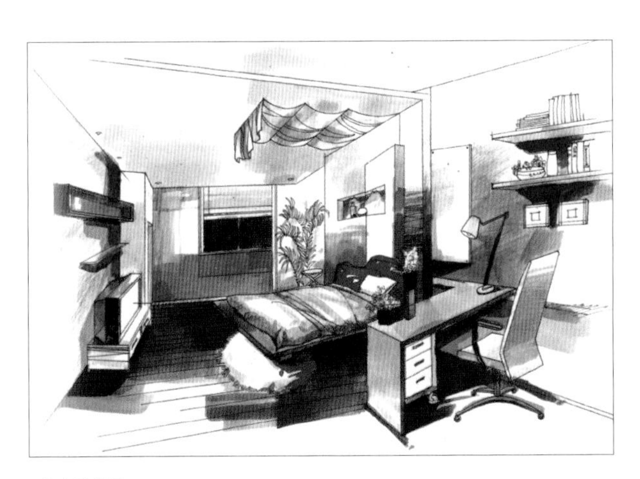

*室内效果图

到位。因此，在刻画画面物体对象的体积、轮廓、层次、质感和光影的虚实、远近等关系方面，具有特殊的优势。所以说手绘色彩渲染效果图在表达对象时，在描绘与刻画方面要比快速手绘效果图更深入与更完整，在视觉的艺术表达语言与方式上要比电脑效果图更为经典与丰富。

3.设计人性化与艺术性的体现

在当代技术日益发达的时代，数字化正在逐渐成为趋势，手绘方式越来越成为一种奢侈与体现人性的艺术表达方法。设计效果图表现的对象正是具有理性功能要求的设计作品，因此以手绘方式来进行设计表现，是调和理性设计的一种很好手段，用色彩深入渲染更是一种比较充分的艺术体现方式。所以，手绘色彩渲染效果图是现代设计人性化与艺术性表达的最好体现。

4.操作注重程序

手绘色彩渲染效果图是一种具有一定难度与要求的设计视觉表现，它的绘画过程是长期以来无数设计师与画家经验的总结，具有一定的规律性，因此绘制时按基本程序操作非常重要。反之，如稍不留神或违反操作规范就有可能前功尽弃。

*室内效果图

*室内效果图

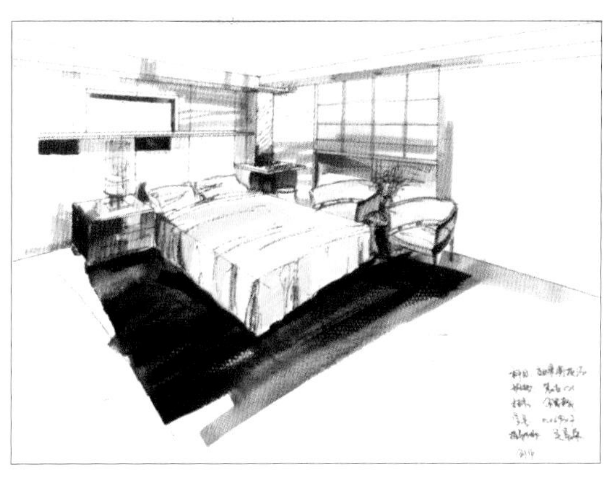

第二节　手绘色彩渲染效果图的分类与要求

一、手绘色彩渲染效果图的分类

手绘色彩渲染效果图主要是根据表现工具来分类的，其基本种类如下。

水彩建筑效果图

*水彩室内效果图

1. 手绘水彩渲染效果图

采用水彩色进行画面的色彩渲染处理，作品具有自然、清新、轻松而明亮的感觉。

2. 手绘水粉渲染效果图

用具有覆盖力的水粉色进行画面的色彩渲染处理，作品具有生动、丰富、明快的感觉。

3. 手工喷绘渲染效果图

用连着气泵的喷笔进行画面的色彩渲染处理，作品具有自然逼真的现代感。手工喷绘渲染效果图是一种技术难度比较高的效果图绘画技法，在电脑效果图诞生前，它是效果图技法学习的主要内容，但随着电脑效果图的出现，这种效果的效果图绘制方式已经被以更轻松与方便的电脑绘制方式所取代。因此，现在最多可作为局部的方法处理，而作为一种已被淘汰与取代的整体绘制技法，本书将不作介绍。

4. 手绘综合色彩渲染效果图

根据画面效果的需要，灵活选用不同的颜料与工具（水彩、水粉、马克笔及彩色铅笔或色粉笔混用）进行描绘、刻画处理。这是一种非常好的效果图表现方式，受到越来越多的设计师和画家喜欢与运用，作品尤为丰富而精彩。

二、手绘色彩渲染效果图的要求

作为一种完整而经典的效果图表现方式，手绘色彩渲染效果图在绘制时必须要符合与达到以下几个要求：

1. 透视准确是关键

手绘色彩渲染效果图对其基础表现的透视图有严格而挑剔的要求，透视图一定要根据数据如实做到严谨与准确，这是该张透视图值不值得进行色彩渲染的依据。一幅透视有问题的设计表现图，即使之后的色彩渲染描绘与刻画做得再好，也是一张毫无价值的效果图。因此，严格遵守所表达对象的固有比例与尺度，把握好透视关系，是一个关键性因素。

2. 完整而合理的画面关系与表达

相对而言，手绘色彩渲染效果图在作品描绘过程中有着充裕的时间，因此手绘色彩渲染效果图在画面关系表达与处理方面应该是合理而处理得当的——画面重点明确，层次分明，能抓住对象形体的主要特征，比较熟练而合理地刻画和表达好画面中的体与面、光与影、远与近、虚与实、柔与刚、动与静等关系。

3. 精致到位的处理与整洁的画面

作为一种具有商业价值的设计艺术作品，手绘色彩渲染效果图画面表达处理必须是精致到位的（这包括环境与辅助内容的处理，可以是概括的、虚的，但必须是交代明确的），同时也必须是干净整洁的，整体的视觉感受是绝对良好的，任何随意、粗糙与缺乏完整性的作品将严重影响到其市场价值，影响到人们对于设计与设计工作能力的评判。

* 水粉效果图

* 水彩与马克笔效果图

* 水彩效果图

第三节 手绘色彩渲染效果图的学习方法与表现技法

*水彩效果图

一、手绘色彩渲染效果图的学习方法

手绘色彩渲染效果图是一种基础、经典、用途广泛的效果图表现方式，在诸多的效果图表现方式中具有非常重要的地位，掌握其技法对促进电脑效果图的学习，提高快速效果图的技能都有重要的作用，因此，它也是每一个设计师必备的技能。而要学习好手绘色彩渲染效果图，掌握科学有效的学习步骤与方法非常重要。

（一）学习步骤

学习手绘色彩渲染效果图要根据前述的要求，一步步进行，这样才能保证收到比较好的学习效果。

*室内效果图

1.理解与掌握设计透视与制图

理解与掌握设计透视与制图是学习手绘色彩渲染效果图的一个重要步骤。因为，无论建筑设计、环境艺术设计、还是展示设计都是专业性很强的设计学科，而透视与制图正是构建这些设计骨架的学科，是实现手绘色彩渲染效果图基础的关键。因此，绘制者首先要懂得设计，理解设计，还要熟练掌握透视与制图技能。

2.明确与掌握效果图画面关系的处理

在具备了理解与掌握设计透视与制图的能力之外，学习手绘色彩渲染效果图另一个重要步骤就是还要明确与掌握效果图画面关系的处理，这应该包含着两个方面的含义，一个就是要具有素描与色彩的绘画能力，懂得处理画面整体与局部的各种关系；一个就是要明了设计对于这些绘画技术处理的要求，换言之即是绘画的技术处理要符合设计效果图的视觉习惯与要求。

*水彩效果图

（二）学习方法

科学的学习步骤与有效的学习方法是掌握手绘色彩渲染效果图技能的最佳途径。与快速手绘效果图的学习一样，手绘色彩渲染效果图的掌握

*水彩效果图

*水彩效果图

也有一个过程，同样也有一定的规律，是一个循序渐进的过程。在这个过程中，绘画者首先要明确目标、明确各种具体的要求，同时，在理论上知晓画面各种关系的处理要求。在实践方面，要按一定的规律有步骤地进行实践，通过临摹、对图作业、再到按设计要求创作的过程进行反复训练，来逐步掌握并提高手绘色彩渲染效果图的技能。

（1）临摹：临摹就是对照别人现成的作品进行描摹。临摹是学习手绘色彩渲染效果图表现技法的一种非常好的途径，也是一种主要的学习方式。通过大量临摹各种好的手绘色彩渲染效果图作品，可以提高自己对于效果图具体技法的感知。

（2）对图作业：对图作业就是对一些建筑、环境艺术与展示的摄影图片进行手绘色彩渲染效果图的绘制，这是一种方便而有效的学习方法。图片可以使你获得大量需要的内容，同时，真实的环境可以作为你绘制效果图时对光源、色彩等的参考。

（3）设计创作：在具有一定的临摹、对图作业能力的前提下，可以进行一些根据设计要求而进行的手绘色彩渲染效果图绘制。

二、手绘色彩渲染效果图的表现技法

手绘色彩渲染效果图也是根据绘画工具来分类的。由于使用的工具不同，各自的表现技法也有所不同。目前，绘画颜料与工具越来越丰富，然而有的并不适宜手绘色彩渲染效果图的表现，如色粉、丙烯、油画等。因此，在这里我们主要以水彩、水粉与综合色彩渲染效果图作为学习的重点进行介绍。

水彩色与水粉色都可以细致表现物体的质感，而且具有“气韵生动”之感，即作画时从用笔或用色上表达出作者的思想情感。

（一）水彩渲染效果图

水彩渲染效果图是现今手绘色彩渲染效果图中最简单、运用最广泛的效果图表现方法。采用透明水色或水彩色进行画面的渲染处理，不仅绘制相对方便简单速度快，而且作品具有自然、清新、轻松而明亮的感觉，深受客户喜欢，所以这

*水彩室内效果图

作业步骤

1. 图片

2. 勾线

3. 整体上色

4. 局部深入

5. 调整完稿

种技法是许多设计人员与效果图画家比较乐于用的效果图表现方法。

1. 工具要求

（1）笔：勾线用的针管笔或水笔；大面积色块可用底纹笔；一般上色用水彩笔、白云毛笔；重点描绘刻画可用衣纹笔、描笔；明暗与结构交界可用尼龙笔压笔触。

（2）纸：应选用质地好的水彩纸。

2. 技法要点

（1）水彩上色应先从亮色画起，因为水彩颜料不具备覆盖性，所以要利用白色纸作为基调，不调入白粉，方可显示水彩颜料的透明感。

（2）由于水彩不具备覆盖能力，在绘画中基本不使用白色，颜色的深浅主要是通过把握水分来掌握的。因此，用色要避免过厚而形成不透明的色层，即水彩称之为”焦”的现象。

（3）画水彩除了要注重水分的多少外，画面的干湿同样也是要注意的一个重要方面。有些地方要趁湿画，有些地方要半干半湿画，而有的地方要干透了才能画，而这些技巧的运用是要根据画面的具体需要而确定的。

（4）效果图水彩上色以逐步加重的方法进行，这样可以避免一下子画坏而前功尽弃，同时又可以有效把握画面的整体效果，可以平稳朝着预定的目标前进。

（5）水彩渲染还可以根据需要运用一些特殊的技法，如在画面铺色后80%~90%干时，往画面所需的特效部位撒少许细盐，可形成斑斓的肌理；也在画面铺色后80%~90%干时，用刀片或削笔刀快速地在画面所需的部位作特效处理，刮出树枝、草丛等效果。作为一个古老的画种，水彩画其实还有许多技法，只有通过不断的学习与实践，才可以体会到其中的奥妙，加深理解和掌握。

（二）水粉渲染效果图

水粉渲染效果图是一种用具有覆盖力的水粉

*水彩与马克笔效果图

水粉效果图

色进行效果图渲染描绘的方法，与水彩渲染效果图一样，它同样也是一种受到普遍欢迎的效果图形式。然而，由于色彩性能的关系，水粉渲染效果图尽管具有表达更丰富、深入与明快的感觉，但绘画的难度也稍高，需要更扎实的绘画基本功。

1. 工具要求

（1）笔：大面积色块可用底纹笔；各种大小的水粉笔、尼龙笔用于画面不同部位的上色；局部地方的刻画可准备几支衣纹笔或描笔。

（2）纸：水粉纸或卡纸。

2. 技法要点

（1）水粉色具有较强的覆盖力，表现力强，易于修改。水粉用色可有干、湿、厚、薄的变化，画浅色要用白色调配，白色能与任何颜色相调，形成丰富的色阶。

*水粉效果图

*水彩与水粉结合效果图

（2）用水粉色画效果图，不需要用墨线勾勒透视图，所有的透视与结构关系都是通过明暗与色彩关系来表达的。

（3）用水粉色画效果图，一般应先整体再局部，先画大面积的色彩，后进行小面积的局部刻画；先画较重的颜色，由暗色画起，逐渐朝中间色过渡，后画较浅的亮颜色，然后是整理全画；先薄画再厚画。颜色的调配要有一定的饱和度，尽量要避免过多重复的用色和修改。

（4）水粉色画不好容易出现“脏”“灰”“粉”“火”等问题。“脏”与“灰”是由于铺色过于反复造成的；“粉”是由于白色调用过分；“火”则是原色与间色用的过头，而复色太少。所以用色时一定要正确掌握调色方法，注意画法的程序。

（5）由于水粉色画效果图无法保留基础透视稿，因此稍不留神容易走形，这是绘制者在绘画时要非常小心的，严把透视与结构关非常重要，这是效果图的灵魂。

（三）综合色彩渲染效果图

现代的一些效果图画家喜欢根据不同的情况与需要，随意将不同工具、材料混合起来使用，以求得更加美观、丰富和生动的表现效果。如以透明水色或水彩为主来画，用水粉来进行某些局部的处理，再用马克笔或彩色铅笔进行一定的修饰，这种灵活的综合色彩渲染效果图方法不仅表现方便，而且效果也相当不错，受到许多设计师与画家的喜欢。

1.工具要求

各种可用的效果图表现工具与水彩纸、水粉纸或卡纸。

2.技法要点

（1）综合色彩渲染效果图技法要点基本如前两者。

水彩色与水粉色及其他颜料混用时要以水彩色为主，水粉色及其他颜料为局部或辅助用色。

（2）混合用色时，要根据各种颜料的性能按次序上色。如在水彩色与水粉色混用时要先画水彩色，再用薄水粉色，因为水彩色是透明色，而水粉色是覆盖色。如果需要用马克笔，之后可以用马克笔，再彩色铅笔，最后用厚水粉或色粉笔点缀。

（3）各种不同颜料的混合使用，要注意彼此间的自然整体关系，不要出现东一块甲颜料，西一块乙颜料，各种颜料关系要形成自然有机的统一体，这种既变化又统一的关系才是最动人的。

综合表现方式效果图

第四节 手绘色彩渲染效果图的画法步骤

由于手绘色彩渲染效果图是一种具有一定程式与规范，而且难度与要求都比较高的效果图表现方式，因此在绘制时应细心认真，一步步来完成，否则就会由于粗心造成失误。所以，掌握相对规范的画法步骤对学习手绘色彩渲染效果图的技法具有重要的作用。

现以水彩表现方法的室内效果图为例，说明色彩渲染效果图的绘制过程。

（1）首先，在着手进行色彩渲染效果图绘制时，不要急于动笔，应先在头脑中对草图构图考虑成熟，然后再对绘画的技法与过程中可能出现的问题要考虑得越细越多越好，这样才能在之后整个绘画过程中做到胸有成竹。

*室内客厅效果图

*水彩与水粉结合效果图

（2）准备好绘画表现所需要的工具，为依步骤按次序绘画做准备，绘画时就不会出现手忙脚乱现象。准备工作做得越充分，绘画时就越顺手，就越能产生较理想与完整的画面效果。具体工具准备如下：

①纸：水彩纸、水粉纸或卡纸等。

②笔：铅笔、中性笔或签字笔、底纹笔、水彩笔、水粉笔、尼龙笔、国画衣纹笔、叶筋笔及大中小各号白云等。

③颜料：水彩颜料、水粉颜料。

④尺：界尺、三角板、丁字尺、平行尺、自由曲尺以及各类模板等。

⑤其他：橡皮、圆规、直线笔等。

（3）裱正稿画纸。手绘色彩渲染效果图是一种要求比较高的设计绘画作品，为了保证绘制时的方便，也为了确保作品完成后的平整，在正式画稿前要将正稿画纸裱在图板上。具体方法是先将画纸用水喷湿，待纸胀透后平整地放在图板上，四周再用涂了浆糊的纸带贴住，阴干后即可画稿。

（4）草图构思。草图构思的过程是很重要的，要熟悉平面图并反复进行设想，考虑选择何种透视法。由此可以画一些不同的小草稿，并挑选满意的作为构思选择。

（5）画小色稿。根据构思小草稿与对画面的色彩幻想，可以进行一些不同感觉的色调配置，挑选满意的作为正式上色的参考。

*水彩效果图

（6）画透视图底稿。根据构思小草稿在绘图纸或拷贝纸上画底稿，要按实际比例画出透视图，可反复推敲和修改，画出室内各种物体的细节轮廓线，要求透视比例准确。

（7）转描或拷贝。底稿画好后要把它转移到正稿画纸上。转移的方法有两种：一种是先在底稿的背面用软铅（4B ~ 6B）平涂，着重平涂相对正面有线条的地方，然后在正面用胶带将底稿覆盖固定在正稿画纸上，用硬笔在底稿上再描一遍，这样底稿的图形就转移到画纸上。另一方法是在正稿画纸未裱在图板上之前，利用拷贝台把底稿直接拷贝在画纸上，再将画纸裱在图板上。

（8）勾墨线。根据画面需要与个人喜好，选择针管笔、中性笔或签字笔勾勒透视图线（如果是纯水粉则不需要勾墨线）。

（9）上大体色彩，确定画面的调子。最简单与容易的方法是先用水彩色平涂，先画大面积色彩，如天棚、地面和墙壁以及面积大的主要物体。

（10）根据光源影响确定画面的素描关系，对物体对象的暗部进行色彩加重描绘。加重暗部色彩不能太急，要层层加重到满意为止，而每一次上色都要等前一铺干了以后再上。

（11）着重处理物体的明暗交界部分，可以用尼龙笔以笔触的方式小心刻画，

（12）对画面各部分内容进行全面的深入刻画，着重表达各物体的质感，进行室内陈设细节的描绘。

（13）从整体的角度重新描绘与刻画画面局部不足的地方，调整画面的整体关系，反复至满意为止。

1. 透视图

2. 勾线

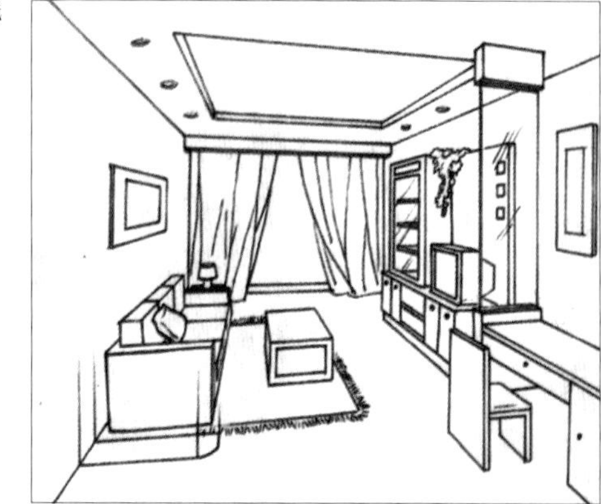

3. 整体上色

（14）对一些关键部位与内容作一些必要的修饰，画出醒目点睛之笔。如材料的强调、高光的点取等。

（15）画面完成后需再参照底稿校正一下，看看在绘制过程中是否造成了某些错误变化（尤其是水粉效果图，绘画过程中容易改变原来的轮廓线），是否有遗漏和需要修改的地方。

（16）最后，根据设计要求与画面的内容气氛选择合适的衬托装裱。

4.综合处理

本章说明:

本章理论联系实际，通过科学而具体的实践辅导，使学生了解与基本掌握一些手绘色彩渲染效果图的表现技法。

本章提示:

韵味、设计感、经典、完整、明快、综合、步骤。

本章要点:

1. 手绘色彩渲染效果图表现的要求。
2. 手绘色彩渲染效果图的学习方法。
3. 手绘色彩渲染效果图表现技法。
4. 手绘色彩渲染效果图的画法步骤。

思考题:

1. 手绘色彩渲染效果图的主要特征是什么?
2. 手绘色彩渲染效果图的要求与技法是什么?
3. 简述手绘色彩渲染效果图的画法步骤。

作业:

1. 选择较好的水彩或水粉渲染效果图作品进行临摹。

要求：数量4幅左右，能够按要求、按步骤方法进行临摹，掌握基本的技法。

2. 选择以建筑或室内为主体内容的图片，参照对象，根据已掌握的步骤与技法，进行手绘色彩渲染效果图的绘制。

要求：数量4 ~ 6幅，结构透视准确，物体间关系合理，色彩明快。

参考图例

REFERENCE LEGEND

钢笔速写

钢笔速写

*钢笔室内速写

*钢笔室内速写

*钢笔室内速写

*钢笔室内速写

*钢笔室内速写

*钢笔室内速写

*钢笔室内速写

*钢笔室内速写

*钢笔室内速写

*钢笔室内速写

大厅快速效果图

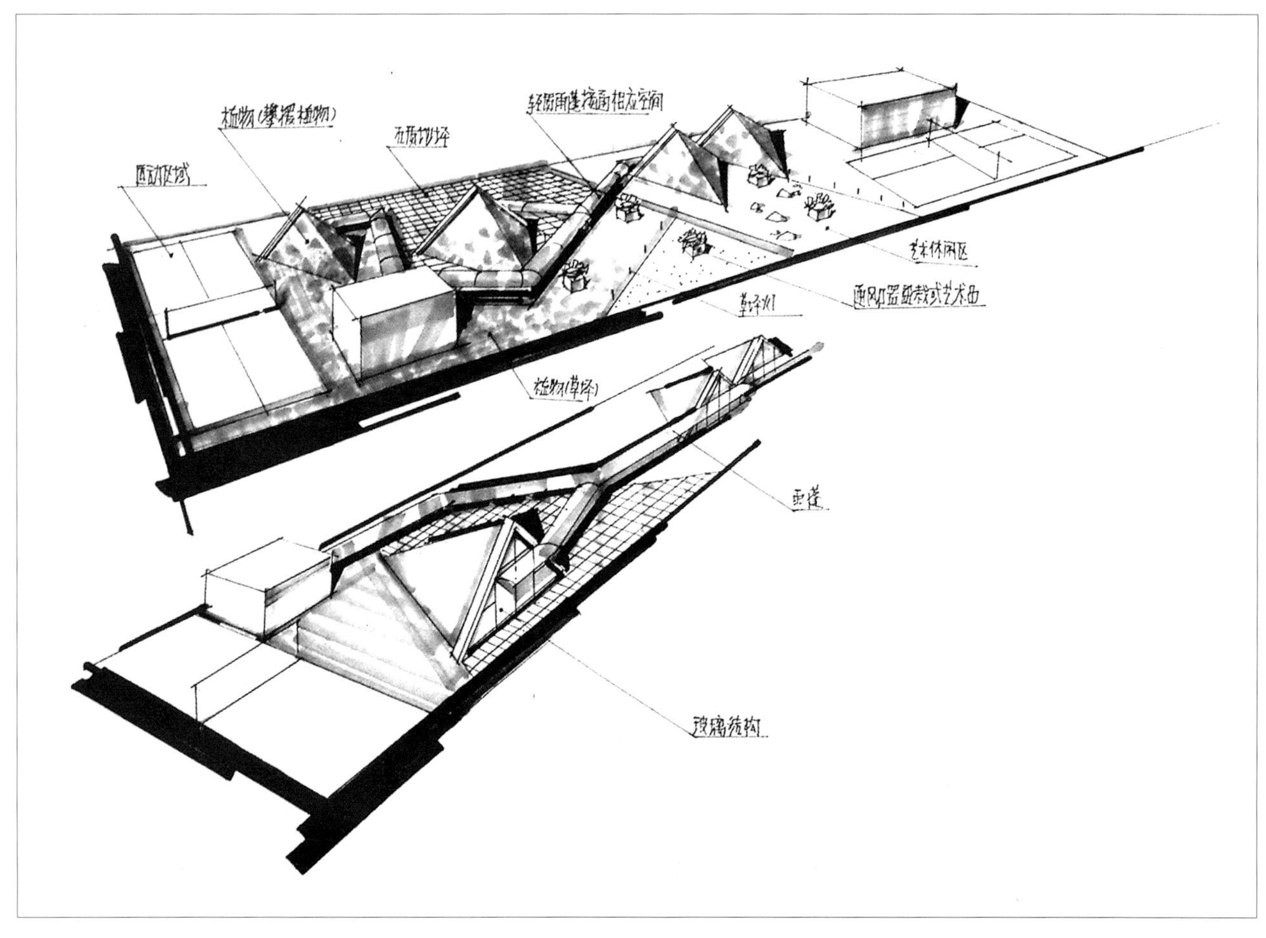

景观效果图

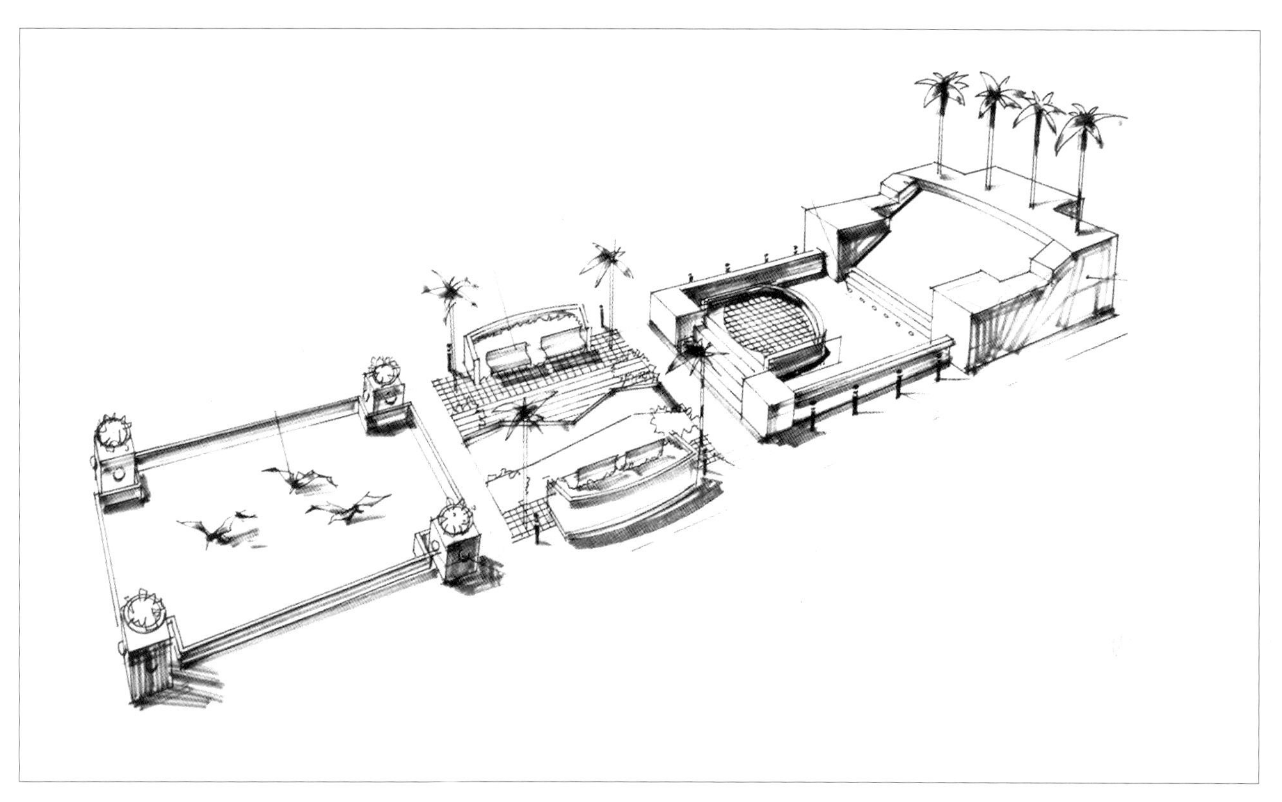

景观效果图

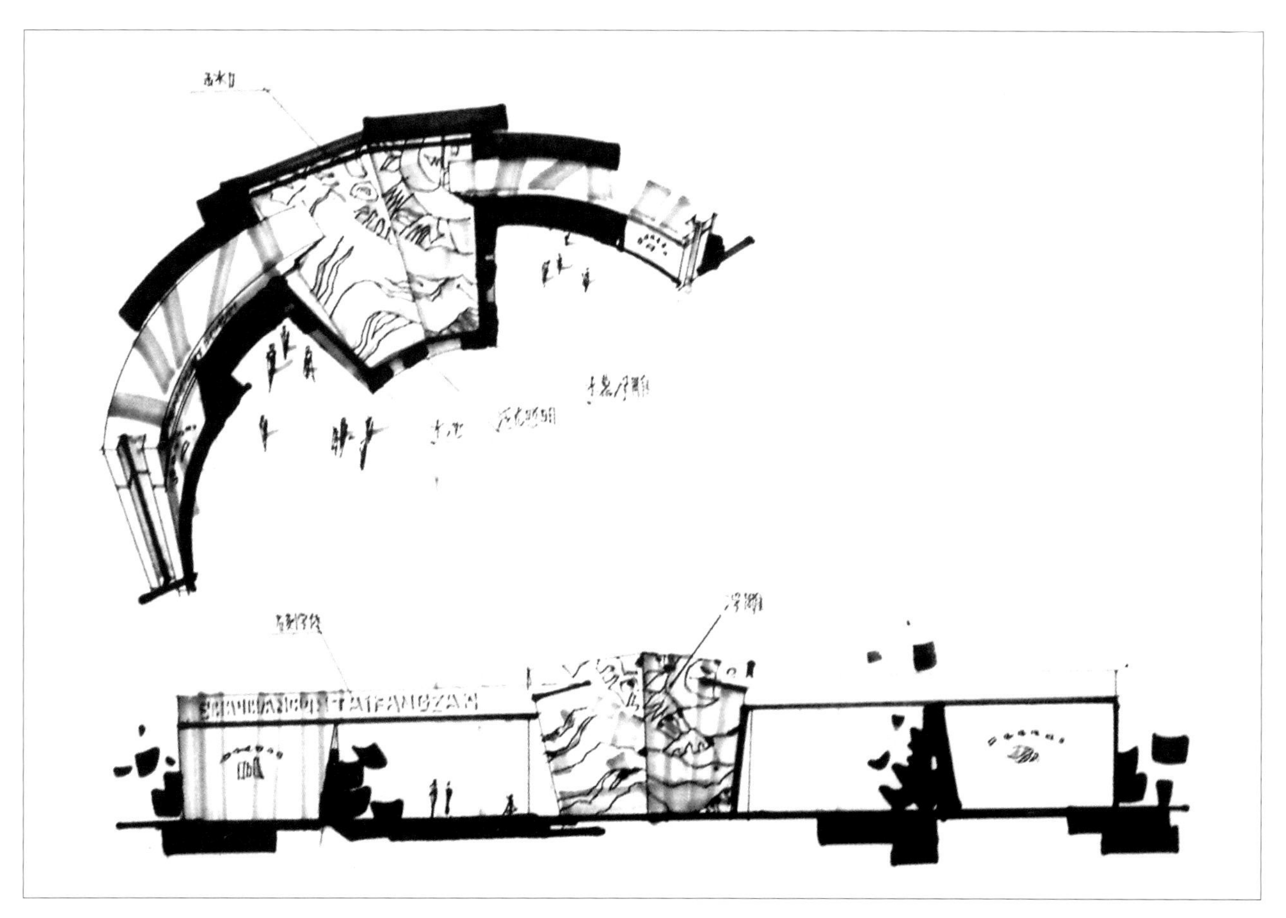

景观效果图

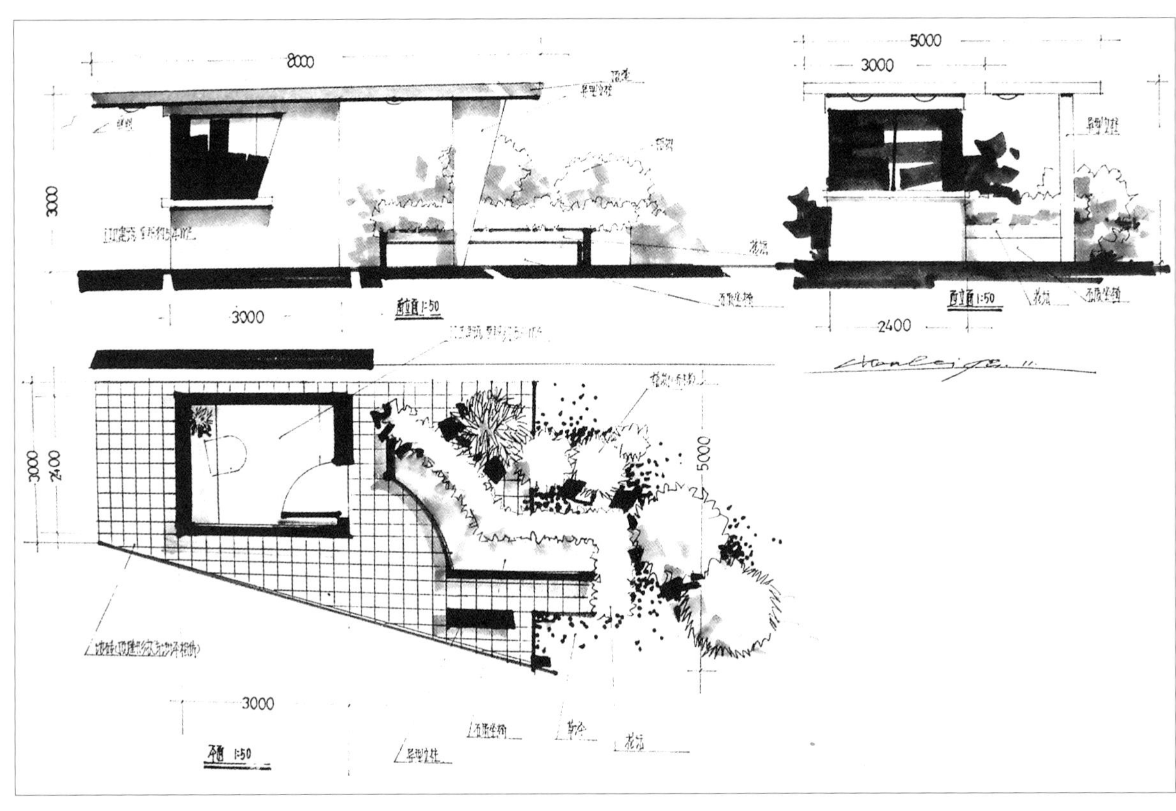

建筑效果图

*室内效果图

*大厅效果图

*餐厅效果图

*建筑效果图

*室内效果图

*室内效果图

*室内效果图

*室内效果图

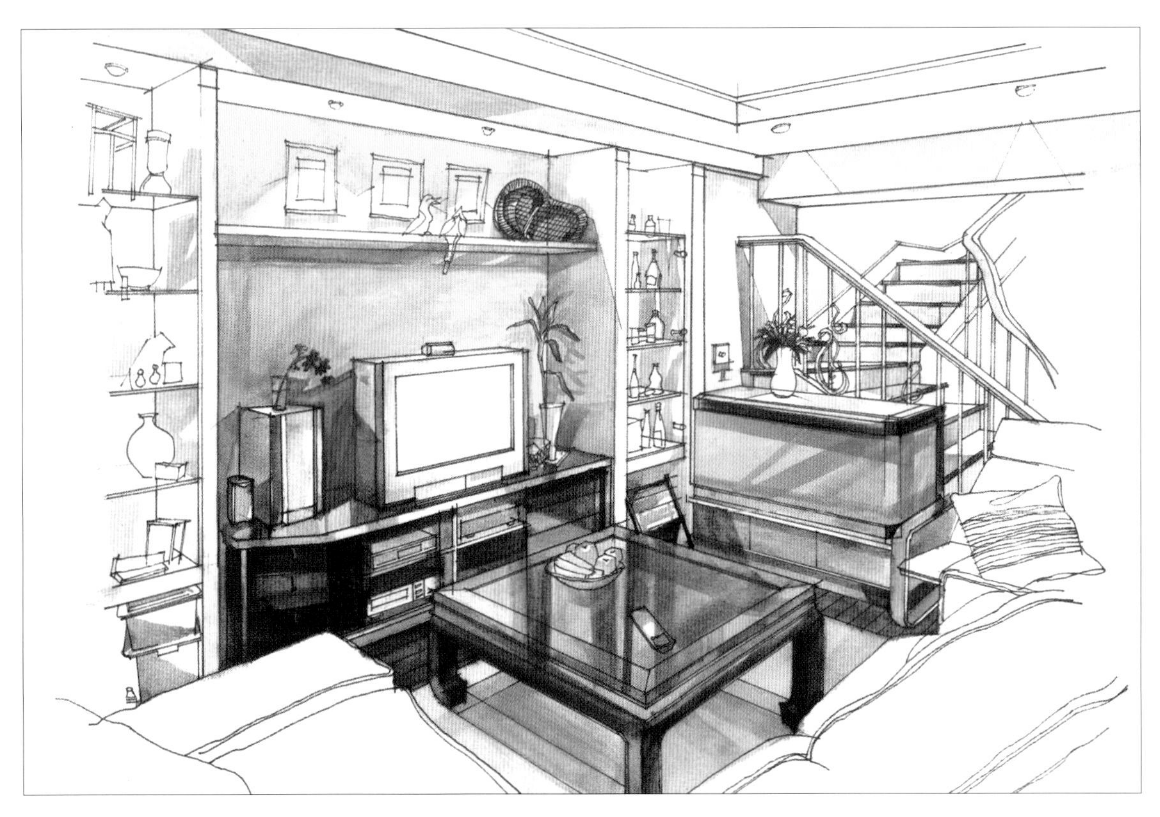

*室内效果图

*室内效果图

*室内效果图

*室内效果图

*室内效果图

*室内效果图

建筑效果图

*餐厅效果图

*室内效果图

*室内效果图

*室内效果图

*室内效果图

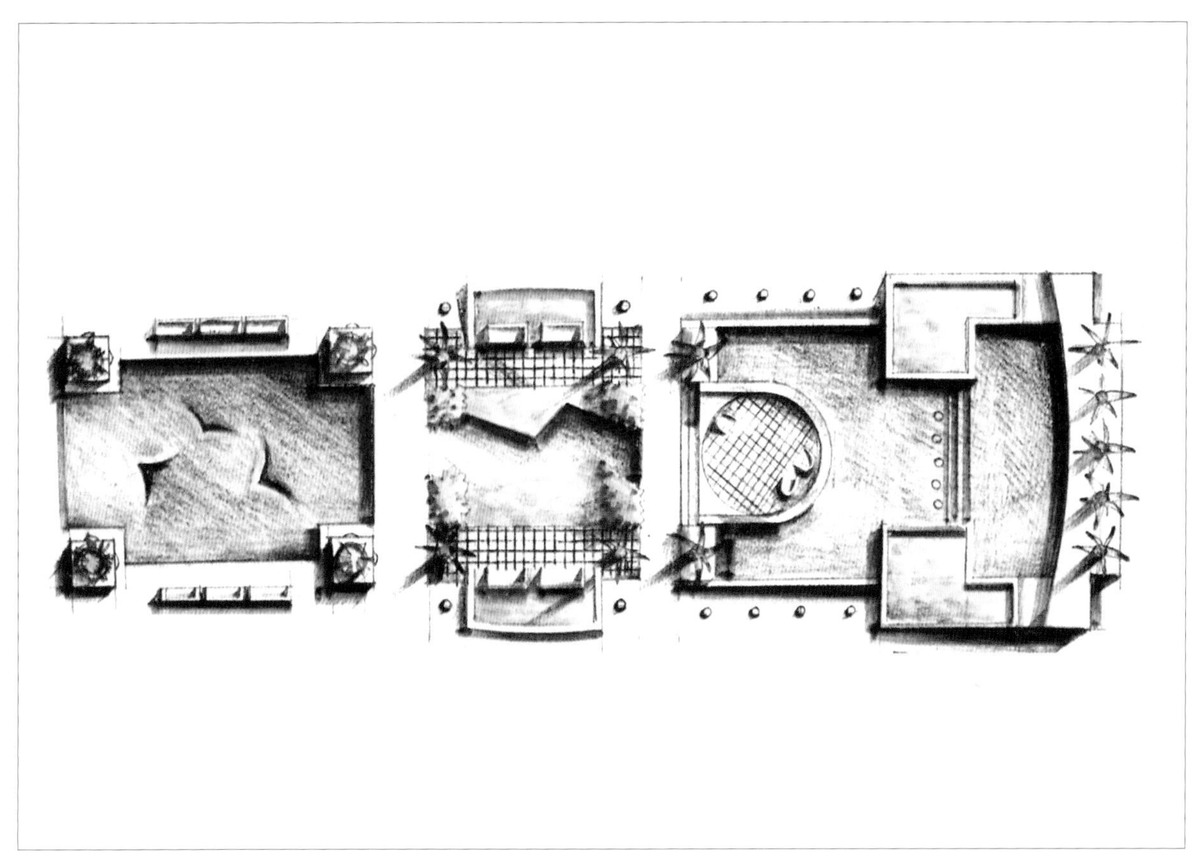

景观效果图

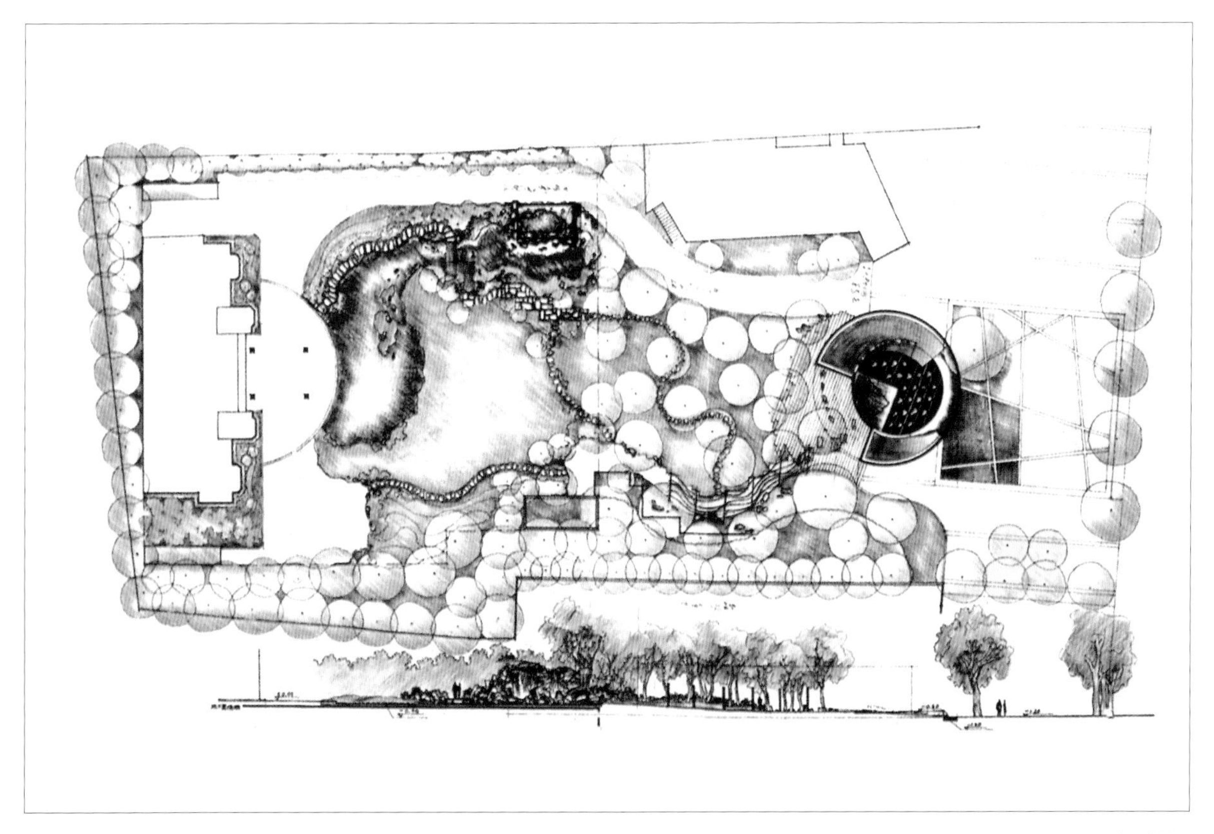

景观效果图

参考书籍

1. 祁今燕，田奇. 建筑环境设计与表现［M］. 北京：机械工业出版社，2003.10
2. 王捷. 设计透视效果图表现技法［M］. 上海：上海科学技术文献出版社，2002.2
3. 王兆明. 室内外空间表现图［M］. 哈尔滨：黑龙江科学技术出版社，1996.2
4. 何镇强，何山，何为. 室内设计表现图技法［M］. 北京：中国纺织出版社，1998.2
5. 关东海. 室内展示设计［M］. 北京：中国纺织出版社，1996
6. 乐嘉龙. 建筑环境快速设计图集［M］. 郑州：河南科学技术出版社，1996.10
7. 赵圣亚. 最新透视图技法［M］. 广州：广东世界图书出版公司
8. 李朝阳. 室内空间设计［M］. 北京：中国建筑工业出版社，1999.6
9. 张福昌，杨茂川. 室内设计表现技法［M］. 北京：中国轻工业出版社，1997.9
10. 刘铁军，杨冬江，林洋. 表现技法［M］. 北京：中国建筑工业出版社，1999.
11. 谷彦彬，李亚平，郑宏奎，郑庆和，康建华. 现代室内设计原理［M］. 呼和浩特：内蒙古大学出版社，1999.3
12. 吴林春，徐云祥. 装饰设计表现图技法［M］. 南京：东南大学出版社，1997.8
13. 谷彦彬. 现代室内设计表现［M］. 呼和浩特：内蒙古大学出版社，2001.7
14. 符宗荣. 室内设计表现图技法［M］. 北京：中国建筑工业出版社，1996.10
15. 李蜀光. 绘画透视原理与技法［M］. 重庆：西南师范大学出版社，1994.12
16. 赵慧宁. 建筑绘画［M］. 天津：天津科学技术出版社，1997.7
17. 毛兵，薛晓雯. 建筑绘画表现［M］. 上海：同济大学出版社，2000.5
18. 俞雄伟. 室内效果图表现技法［M］. 杭州：中国美术学院出版社，1995.3

后记

在三十余年的教学与设计实践中，笔者深深地感到全面了解环境设计的知识、熟练掌握手绘效果图的技法，对于从事建筑设计、环境艺术设计与视觉传达设计的专业人员来说，不仅对促进其形象思维、形成构思方案，而且对理解设计、深化设计，沟通与相关人员的交流等诸多方面，都是具有十分重要的作用与意义。为此，尽管科技不断发展，电脑普及至今也已成为每个设计师的必备工具，但长期以来，高等院校的专业教学还是坚持着手绘效果图这门课程，作为一门专业基础的必修课，通过对学生全面而严格的教学与训练，不仅大大提高了学生的手绘表达能力，同时也深化了他们对于基础的理解与思考，这对于学生设计能力的提高无疑具有重要的作用，事实也证明了手绘基本功强的学生，不仅在就业时普遍受到用人单位的欢迎，而且在实际的专业工作方面可以非常快地切入和适应社会实际工作的需要，并在今后的发展中普遍优于他人。所以确切地讲，手绘效果图技法是一名优秀设计师必不可少的专业技能。

手绘效果图技法是从事专业学习的学生一门重要的课程，尽管目前社会上有特色的教材也非常之多，但在实际的教学过程中，学生还是迫切需要一本知识点与面都相对完整的教材，为此，本人在参阅了大量资料后，根据教学的要求与社会实际工作的需要，结合学生的实际能力，编撰了本册《全能手绘效果图技法》教材，希望通过这种努力，以弥补教学上的某些不足。当然，在手绘效果图技法的画种与技能表达方面，本书的概括肯定也是不全面的，本书的重点只是更多的考虑学生的基本入门的需要，如有不足之处，敬请指正。

需要说明的是，在效果图的学习过程中，临摹是一个非常重要的内容与环节，因此，本书所采用的图片，除部分历史内容与华东师范大学环境艺术研究所著名设计师陈磊先生提供的设计实例外，其他注有*号的都是我在教学过程中我院部分学生的课堂练习作业，而这些作业除了第二阶段的对景创作之外，基本上都是第一阶段的临摹作业，在此仅作为教学范例说明之用。

另外，在本书的编写过程中，曾得到了东华大学设计学院领导与出版社领导的大力支持，在此一并表示感谢。

编者

图书在版编目（CIP）数据

全能手绘效果图技法 / 吴晨荣，吴祉安编著. — 上海：东华大学出版社，2021.12
ISBN 978-7-5669-1993-9

Ⅰ. ①全… Ⅱ. ①吴… ②吴… Ⅲ. ①环境设计—绘画技法 Ⅳ. ①TU-856

中国版本图书馆CIP数据核字（2021）第212637号

系列设计：封瑞华　王建仁
责任编辑：张　煜

全能手绘效果图技法

吴晨荣　吴祉安　编著

2021年12月第1版
2021年12月第1次印刷

东华大学出版社出版
上海市延安西路1882号　邮政编码：200051
上海盛通时代印刷有限公司印刷
新华书店上海发行所发行
开本：889×1194 1/16　印张：9
字数：330千字

ISBN 978-7-5669-1993-9

定价：59.00元